元宇宙大冒險

破解元宇宙世界迷思與商業模式

吳仁

手機掃碼，展開你的元宇宙大冒險
Google 搜尋「元宇宙大冒險」

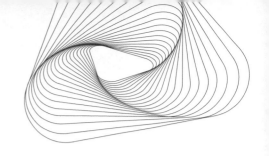

目 次
CONTENTS

part
1

元宇宙迷思

part

2 認識元宇宙

part

3 元宇宙的商業模式

推薦序 ■■■■■■■■■■■

元宇宙創生

陳美伶

　　仁麟兄這本書，談的是元宇宙，也對台灣的土地和雲端有許多關懷，他相信元宇宙是台灣百年一遇的機會。

　　書裡還特別從各行各業的商業模式來思考，整理出各種利用元宇宙資源的發展可能。更特別的是，這些思索都是從他所親身經歷過的人生故事出發，再融合他過去12年在經濟日報「點子農場」專欄的閱歷，以歲月長河視野來前瞻，看科技更看人文。

　　2022年的2月，仁麟兄邀請我到他和朋友共同創辦的「WindoWine紅酒群英會」和大家聊聊。我以「從泥土到雲端」這個主題和大家分享，談台灣的地方創生和區塊鏈與科技產業。

　　2017年我到國發會服務後，看到台灣人口結構兩極化，整體發展不均衡，中南部與東部人口迅速流失的現象日趨嚴重，遂啟動國家戰略層級的地方創生計畫，用最接地氣的方式，走訪22個縣市的在地團隊，以「以人為本」、「找出地方產業DNA」及「科技導入」三個核心價值，結合AIoT、區塊鏈、大數據等新

創產業的技術，期待能打造出台灣地方創生的原生版——「從泥土到雲端」。

2020年卸任公職後，我和新創朋友及地方創生在地團隊一直保持聯絡。我相信，在泥土上扎根，推動地方創生和在雲端發展區塊鏈等產業都是台灣的希望工程，這兩群朋友的合作將會推動台灣走向更美好的未來。面對人口的高齡化和少子女化與各地區域均衡發展的挑戰，台灣迫切需要推動地方創生；而區塊鏈和新創產業則是為整體產業賦能的火車頭。

地方創生、區塊鏈和新創事業的分進合擊，大家交流各種以創意來同時推動公益和生意的點子，如果能利用ESG（企業永續投資）的規範和影響力，把企業的資源導入地方創生，就能讓兩者的需求完美的對接。ESG的Environment（環境保育）、Social（社會關懷）、Governance（公司治理）這三個關鍵字裡，地方創生就是S很好的選項。

就如同仁麟兄在這本書裡所說的，元宇宙已經在許多場域創造出價值，當然也能協助推動ESG。透過元宇宙，將能具體有效的為社會創新注入資源，為台灣打造更美好的人文地景，帶來更多創生的能量。

認識仁麟兄雖然不久，但對於他的人脈與資源之豐沛，非常佩服，他不只是個資深媒體人，更是一個社會觀察家、趨勢評

論家，還是一個先行先知者。這本元宇宙的新書，不僅是科普教育，更是他用一生經歷印證全球科技發展的脈動與發現，不管是新入門或已熟門熟路者，都可以有很大的啟發，我樂意推薦給你。

台灣地方創生基金會董事長、

台灣區塊鏈大聯盟總召集人、國發會前主委

陳美伶

元宇宙裡的人文資本

陳田文

仁麟兄這本書出版的時候，正是全球資本市場難得一見的亂世。

俄烏戰火延燒、物價飆漲、全球升息、疫情升溫、美股崩盤、虛擬貨幣身價一路狂瀉。資本像水，總流向充滿機會的地方，這也是資本市場千百年來不斷重演的劇情。但是不管局勢再亂，沒有任何人敢漠視元宇宙時代的到來。

元宇宙的背後，有許多值得令我們思索的脈絡，把這些脈絡理清楚之後，也大概就能明白元宇宙時代是怎麼一回事。區塊鏈、Web3、腦機介面這些支柱建構了元宇宙神殿，也指引出產業的新出路。但是，不管市場再怎麼動盪，資本都會需要新的舞台和能量，而元宇宙正是最熱門的賽道。

高盛集團認為的元宇宙，是一個價值高達8兆美元的市場機會，這個數字等於德國和日本 GDP 的總和；摩根大通說元宇宙將會在未來幾年滲透到各個領域，當前每年的市場產值已經超過500億美元；花旗銀行更是看好元宇宙，認為這個產業在2030年前會擁有13兆美元的產值。以上這些知名的國際資本操盤巨

頭，都一致看好元宇宙的未來。

　　但是，就像這本書裡所強調的，不管在什麼時代做任何投資，基本功都是一樣的。要把一切的細節搞清楚，了解元宇宙從何而來，才能明白元宇宙從何而去。

　　從1988年創業至今，我一直都是用這樣的態度在工作，當年承做大型公司上市、海外募資、民營化合併案等等，都是如此。這些看來龐雜的任務背後，說穿了只有兩個字——評價。

　　是更值得我們關注的，是在資本市場的影響下，人類會走向什麼樣的未來？除了金錢，更重要的是人本、人道和人文的思想。

　　仁麟兄喜歡追根究底的思辨，更關注時代的人文結構，他也用這樣的態度來為元宇宙寫出了這本前傳。相信不管任何專業職務的朋友，都可以把這些思考和論述當成進入元宇宙的敲門磚。

嘉瑞投資董事長、群益金融集團創辦人
陳田文

善意元宇宙

林知延

2017 年，仁麟兄邀請我參加他所辦的「三意人」聚會。會場裡，都是各行各業的菁英朋友，也都支持他以創意同步推動公益與生意的三意理念，大家共享美食、美酒和新知，一整晚聊得很開心。

後來才知道，這三意理念是仁麟兄一直在工作中實踐的。打從他進入媒體界的第一天開始，不管從事哪一個崗位的工作，他都堅信媒體人不只要報導事實，更要透過新聞策動改變，讓世界更好。他也一直相信，只有讓媒體更好，我們的社會才能更好。

這些精神也實踐在他所寫的每一個字裡，他在經濟日報的「點子農場」專欄一寫 12 年，每個星期都在報紙和網路上談三意故事。

這幾年來，我和仁麟兄也合辦了以三意為主題的活動，三意理念也一直是華南銀行所自豪的價值。過去一百年來，不管在什麼時代，我們永遠追求創新和公益，這樣的堅持也讓我們和台灣同步成長到今天。

元宇宙已經成了全球顯學，市面上談元宇宙的書也越來越多，但是仁麟兄寫的這本書，除了以三意為核心理念，在我讀來更有三個與眾不同的特色：

一、人文觀：科技始終來自人性，元宇宙再如何的發展都一定會回到人性的軸線，人性本善，元宇宙的發展一定是與人為善，這本書裡始終強調以三意打造「善意元宇宙」。

二、歷史觀：仁麟兄早在30多年前就開始投入網路事業，也曾在國家獎學金的支持下深度研究網路世界。從超文本連結談到區塊鏈，這樣的歷史深度和厚度都需要歲月和智慧的累積。

三、產業觀：從食衣住行到育樂，全面探索未來元宇宙經濟的種種商業模式。這樣的視野和洞見也展現深厚的功力。

如同他在書裡所說的，我們也許無法預見元宇宙的未來，卻能知道未來的元宇宙一定不只是今天這樣的風景。彼得杜拉克曾說，預見未來最好的方式就是去創造未來。

讓我們用這本書當起點，一起打造善意元宇宙的大未來。

華南銀行副董事長

林知延

一真一切真，萬境自如如

翁嵩慶

當我第一次聽到「元宇宙」以及「DAO」這兩個詞時，心中非常震撼。因為，在道場的時間觀裡，天地的生滅為一「元」，共十二萬九千六百年；一「元」有十二「會」，一「會」是一萬八百年。而道場空間觀則認為天有「理天」、「氣天」、「象天」三天，當中，「道」貫穿一切，宇宙間萬事萬物皆有「道」。

「道」者「理」也，「理」者「規律」也，天的規律為「天理」，地的規律為「地理」，人的規律為「性理」。這個規律並不因人而改變，也不因時間空間而改變，古人甚至形容它，入水不溺，入火不焚。

這樣看來，是不是「元宇宙」跟去中心化組織的「DAO」，與道場的概念幾乎是一樣的呢？連「DAO」與「道」兩者的發音都一模一樣，這純粹是巧合，還是冥冥中的天意呢？

在一個機緣之下，我結識了吳老師，邀請他來為道場開設「元宇宙」的一系列課程。此次有幸先拜讀他的《元宇宙大冒險》大作，讓我對元宇宙的概念、現況、商業模式和未來可能發展，有了完整的掌握。

書中，吳老師思辨的不只是元宇宙的形式與技術層次，更帶領我們思辨元宇宙如何影響我們的世界觀和人生觀。前者給我的啟發是，身為一個「道」的傳播者，世界上的眾生在哪裡，我的責任就是把「道」帶到那裡。

　　當我知道在不久的將來，全球跨國界不同種族的人都會進入元宇宙，於是我決定在元宇宙建立一個「白陽山元宇宙」道場，有別於一般元宇宙裡的娛樂和商業項目，「白陽山元宇宙」會是一個讓全世界的眾生能得到心靈安頓的清靜地，讓處在高壓力與快節奏時代的人們，壓力得到釋放，內在的空虛感得到滿足。

　　以前，要到不同國家傳道，必須坐飛機等等交通工具，舟車勞頓，開班時的場地限制與音響設備則又是一大問題。在元宇宙裡，這些問題都解決了，教室可以無限大，也省下坐飛機的時間和金錢，只要一連線，大家瞬間就都進入同一個空間了。古人韓愈說「文以載道」，元宇宙則是「科技載道」。

　　而關於後者，吳老師帶給我們的元宇宙哲學思辨更是精彩，尤其是參照道場道義，更是有一種「科技證道」的拍案感。

　　在道場中，來自「理天」的仙佛，一直告訴我們人類的世界是「虛花假景」，連我們的身體也是「虛幻」的。這種說法，一般人很難理解。這部分，吳老師在書中用「缸中之腦」的比喻，則讓我們能很快的明白。現今，各種 VR、AR 或 MR 等穿戴式工具，都是在為我們的感官製造「假象」。

尤其，當以後人們每天投入越來越多時間在元宇宙，虛和實越來越深的結合在一起時，虛和實要怎麼分呢？

其實，「元宇宙」的「虛」正好證明了「實體世界」的「虛」，我們認為的「實體」，也不過是眼耳鼻舌身意的「感覺」所「以為」的「真實」罷了。那麼，什麼才是「真實」呢？「真心」才有「真實」，如果心不真，什麼都是假的，這就如同六祖壇經中所言：「一真一切真，萬境自如如。」

以上只是我拜讀此書後心得的一小部分，還有許多的「震撼」，因為篇幅有限，無法一一分享。

不管您是屬於哪個領域，了解趨勢，才能走對方向；把握先機，才會創造奇蹟。《元宇宙大冒險》將會帶給您知識與心靈上的滿滿收穫。

一貫道寶光崇正道場樞紐

翁嵩慶

解構元宇宙的今生與來世

詹文男

　　元宇宙是這兩年非常夯的一個話題，自從臉書改名 Meta 之後，更是引發許多討論的熱潮。什麼是元宇宙？有人開玩笑說是傳統民俗觀落陰的科技版，也有人說是下一代的網際網絡，各種說法不一而足。資策會產業情報研究所（MIC）歸納眾多的觀點，提出最關鍵的兩個要素：

　　一、在元宇宙中，不同虛擬空間的資料不僅可串連、可交換運用，更可與現實融合，形成逼真，且彼此互通、互補，絕非只是附屬於現實世界的感官境界。

　　二、在元宇宙中，使用者又稱為「數位居民」，這些數位居民可以創造各種互動經驗，在元宇宙內發生的各種體驗無法被暫停、重設或結束，互動會持續發生、推進，就如同現實生活一般。

　　根據上述兩個關鍵要素，元宇宙可以這樣的被理解與想像：「由虛擬物件、數位居民，與各種衍生出的互動關係所高度合成的環境。在這樣的環境中，人們與在現實環境相仿，能夠進行學習、工作與各種社交活動。身處在環境中的使用者，也將轉

化成為數位居民、組成虛擬社區，累積、創造出共同經驗」。

　　舉例來說，因為疫情，AI 學術會議 ACAI 2020，改在「動物森友會」的虛擬空間進行；柏克萊大學則把畢業典禮改到遊戲平台 Minecraft 上舉辦；Gucci 也在 Roblox 遊戲平台打造虛擬展示間，讓玩家可直接競標、購買虛擬包包。而原先在虛擬世界進行的活動，也開始轉移到真實世界之中，比如歌唱選秀節目 ALTER EGO，上台比賽的選手並非本尊，而是他們的數位分身。

　　不過，前景看似樂觀，但元宇宙涉及的科技相當複雜，部分還處於基本的假設與初期研究階段，其中不僅是技術層面的問題，還有像是虛擬與實體空間如何互補？商業模式如何磨合？虛擬的經濟體、交易機制、規範與準則，如何與真實世界日常的模式進行互通？倘若沒有一套所有參與者都願意採納、遵守的規範，那麼元宇宙的情境，不僅無法有效擴散，甚至可能成為犯罪的溫床。

　　到底元宇宙未來會發展成什麼樣子？眾說紛紜。本書作者吳仁麟試圖透過元宇宙許多組成元素的解構來幫助大家探索。包括掀開元宇宙的迷思，解釋元宇宙重要的名詞與底層技術，並探討現有及未來可能的商業模式。想要了解元宇宙的今生與來世的讀者，千萬不可錯過！

數位轉型學院共同創辦人暨院長、

台大商學研究所兼任教授

詹文男

自序 為什麼元宇宙是一場大冒險

1974年11月，衣索比亞的山谷裡，古人類學家發現了人類最早祖先的化石。

這些化石出土時，人類學家在營火旁慶祝，當時錄音帶播放著披頭四的「露西在綴滿鑽石的天空（Lucy in the Sky with Diamonds）」這首歌，大家一起放聲高唱，於是也把這個化石取名叫露西（Lucy）。露西生活於320萬年前，具有類似猿的腦容量和類似於人類的二足直立行走能力。

2021年4月，知名的NFT（Non-Fungible Token，非同質化代幣）項目「無聊猿遊艇俱樂部（Bored Ape Yacht Club，簡稱BAYC）」在以太鏈上以每個約新台幣500元發售出一萬個。一年之內，這些BAYC的NFT總身價爆漲到10億美元，為人類探索元宇宙開了革命性的第一槍。

從猿人走到元宇宙人，人類走了320萬年，而元宇宙人的起點，卻也正是人類文明的關鍵時刻。歷經疫情，人類的生活發生了許多變化，現實世界成了一個不穩定和不安全的地方。人和

人的接觸充滿恐懼和疑慮，而不確定、困惑和焦慮的情緒在全世界急劇增長。

於是全人類有了一個共同的願望，希望回到疫情之前的世界。或者，創造一個新的世界，這樣的期待和需求也促動科技產業加速發展元宇宙。

科技公司所想像的元宇宙是一個虛擬空間，人們能夠在其中把現實世界中的大部分活動轉換為虛擬世界中的活動，從早上醒來到上床睡覺之間的每一秒，可以隨時跳入虛擬世界生活和工作。

乍看之下，元宇宙這個美好世界很有吸引力，每個人能自由來構建自己喜歡的世界和自己。即使在非常寒冷的冬天，也無需離開溫暖的被窩就能在虛擬空間中工作，想去哪裡旅行就去哪裡，還不用搭飛機，花錢又花時間。

但是我們也不能忽視元宇宙可能帶來的危機，當人類沉迷元宇宙，人和人的連接很自然的會越來越虛擬。為了巨大的商業利

益，科技公司一定會不斷發展更精彩、更好的虛擬產品來滿足消費者。

人類也很可能越來越難以在現實世界中生活，因為現實無常又難以預期，虛擬世界可以隨心所欲。但是生命需要能量，這些能量來自於自然和人與人之間實體的互動，人與自然、人與人彼此之間的互動越多，我們就越能充滿能量。

元宇宙為以上這些問題提供一個很好的思考起點，這也是人類新旅程的新課題，要我們學會在現實世界和虛擬空間中找到和諧相處之道。這旅程是屬於全人類的哲學之路和文明進化之路，融合了科學、文學、史學與各種自然與人文科學。元宇宙不只是人類史上從未有過的大冒險，也是一場意義的思考與追尋。

從猿人走到元宇宙人，這旅程我們已經走了320萬年。而現在，人類將從元宇宙走向下一個320萬年。

這本書是為每一個元宇宙人所寫的，希望和每一個讀者共同思考和對話。未來，地球上每一個人都會是元宇宙人。

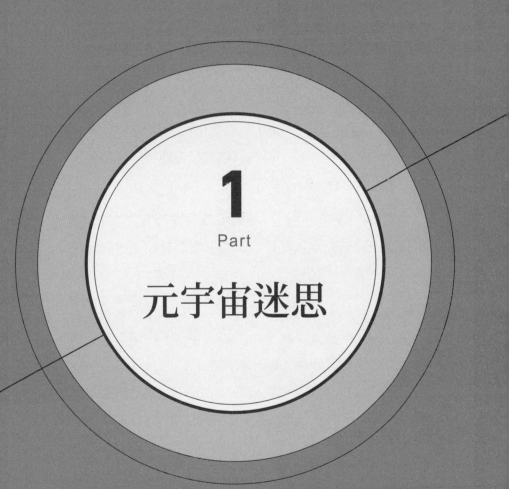

1

Part

元宇宙迷思

元宇宙什麼都是也什麼都不是

讓我們先來想想，什麼是元宇宙？

元宇宙是 VR？元宇宙是 AI？元宇宙是雲端運算？

VR 科技 1968 年就出現在卡內基美隆大學的實驗室，AI 更早在 1956 年的達特矛斯會議就有人提出相關研究，昇陽電腦在1983 年就提出雲端運算。這些科技都已經問世這麼多年了，為什麼今天才開始有人談元宇宙？

事實證明，到目前為止，即使是那些被視為創造元宇宙的科技巨頭也不知道元宇宙是什麼，每一家高科技企業對元宇宙的想像都不一樣。

臉書的元宇宙，是打造一個屬於自己的元宇宙世界。祖克伯說，臉書的元宇宙是建構「Horizon」平台，在這平台上搭建各種功能的虛擬空間，像工作和會議用的 Horizon Workrooms、居家生活的 Horizon Home 和娛樂的 Horizon World。臉書並發下豪語，計畫在十年內帶十億人進入元宇宙。

微軟的元宇宙，是在自己的 Azure 雲端系統上搭建 Mesh 平台，使用 Microsoft HoloLens 這樣的「混合實境（MR）」眼鏡來讓身處不同空間的人一起工作或娛樂。

而蘋果的元宇宙，則是用具有AR（擴增實境）和VR（虛擬實境）的蘋果眼鏡來取代電腦和手機。

除了以上這三大巨頭，全世界各大科技公司所談的元宇宙也多多少少有些不一樣。我們幾乎可以確定，目前這些公司所談的元宇宙，都不會是未來的元宇宙。

就像1990年代網際網路產業在矽谷剛萌芽時，那時候的產品早就不存在世界上了，而今天的許多網路霸權，當時也還沒出現。

每一場演講和與各行各業的朋友談元宇宙，我幾乎都用同樣的一個問題來開場。

「有沒有可能，我們對元宇宙的認識都是錯的？」我說，只要上網Google幾分鐘，就能發現，地球上各家科技巨頭所描繪的元宇宙都不一樣。

所以，我們也許不知道未來元宇宙會長成什麼樣，但是以目前的各項發展，我們可以有以下的這些前題假設：

一、元宇宙並非由單一技術或公司產品所組成。
二、加密貨幣及NFT將是未來元宇宙資產的基礎。
三、疫情和科技發展讓人類已進入「前元宇宙」時代

2021年，NFT數位藝術品的市場規模是400億美元，而傳統

藝術品市場規模是 500 億，NFT 已經命定是元宇宙的主流貨幣和通證，這也是人類歷史上沒有出現過的產物。

在實體世界裡，一張上億的畫作需要經紀市場才能轉成金錢，但是在元宇宙的世界裡，NFT 藝術品可以馬上轉成現金，而且運送和保存都可以在手機裡處理。過去，藝術家把作品賣掉之後就分不到之後的任何利潤，而 NFT 裡所內建的「智能合約（Smart Contract）」可以把每一次轉手的利潤分成給原作者。

面對排山倒海而來的元宇宙時代浪潮，世人對元宇宙有太多的關注和太多的無知與不解。這也是為什麼每每在充滿大量機會的時代，大多數的人都錯過了這些機會。每當商業市場的遊戲規則改變，人類往往擔憂現實的困境而重複過去的決策和行為。這也是目前人們面對元宇宙浪潮的困境。

每一次談元宇宙，我通常也會以同樣的總結來收尾。從目前市場的各種發展情勢來看，不管未來的元宇宙是臉書的「臉宇宙」，還是蘋果的「蘋宇宙」，或是微軟的「微宇宙」，都注定要具備「相容和擴充」、「去中心化」和「虛實整合」這三個特質，從網路世界現有的基礎出發，更進一步滿足人類對體驗和自由與穩私的種種渴望。

1992 年，作家尼爾·史帝芬森（Neal Stephenson）在他的科幻小說《潰雪》中創造了「元宇宙（Metaverse）」這個名詞和基本構想，說未來每個人都會以另一個「分身（Avatar）」活在另一個虛

擬世界裡，這些想像也形塑了今天的元宇宙世界。在摩爾定律的推動下，數位科技歷經30多年的發展，看來即將實現當年對元宇宙的預言，一個讓全球70億人一起工作、娛樂，以全新的方式合作和交流的美麗新世界。

元宇宙是什麼

2021年10月28日，臉書創辦人祖克伯開了一場長達一個多小時的記者會，宣布臉書將成為元宇宙公司，也把公司名改成Meta。

從那天之後，「元宇宙」成了全世界共同的話題，從企業CEO到跳廣場舞的大媽都在談元宇宙。許多人都好奇，元宇宙到底是什麼？為什麼會吸引祖克伯宣誓未來10年要帶領至少10億人進入這個新世界？目前臉書甚至少有一萬名員工在運作元宇宙業務，預估初期至少會投入500億美元來探路。

臉書真的能在元宇宙獲利嗎？這個問題也許很難回答，因為目前看來元宇宙還在萌芽，難以從現在看到太遠的未來。不過如果從一件事來看，臉書進入元宇宙該是穩賺不賠的生意。根據臉書公布的資料顯示，臉書在全球有28億人用戶，每人平均每天在臉書平台上花58.5分鐘，元宇宙相關服務只要讓每個用戶多在臉書再多停留一分鐘都能推升股價。

就像2015年10月，另一個數位科巨頭Google宣布改名成Alphabet之後，立刻吸引來資本市場的關注和投入。而且，那時候Google並沒有喊出任何像元宇宙這樣性感的關鍵字。

想了解元宇宙未來的畫面，可以試著從三個面向來一探究竟：

VR科技

杰倫・拉尼爾（Jaron Lanier）被稱為「虛擬實境之父」，因為「虛擬實境」（Virtual Reality，簡稱VR）這個名詞就是他首先提出來的。他開發出第一個VR商品，並推出虛擬化身、多人虛擬世界體驗，以及VR各種主要應用的原型。

一直到今天，世界上各種VR相關運用幾乎都沒有突破他當年的想像和設計，祖克伯在記者會上談到的任何運用也都是以VR為基礎。

目前對元宇宙的所有想像裡，VR都是最重要的入口，「在人與人之間建立心靈聯繫，使用者的共有體驗是一種超越言語的交流方式。」杰倫・拉尼爾認為，這就是VR將為世界帶來的元宇宙經驗。

加密貨幣

不管任何時代，貨幣永遠是創造和控制社會最重要的力量。人類的每一場革命都和錢有關，革命的結果也往往改變金錢市場的遊戲規則。但是萬一錢本身發生了革命，對世界的影響又會是什麼？

今天，各種加密貨幣的技術已經越來越成熟，正在改造全球的金融遊戲規則，從比特幣進展到自動執行智能合約，無人管理的以太坊，以及追求幣值穩定的泰達幣，到臉書天秤幣的催生

計畫，這些金錢革命將會巨大而長遠的衝擊全球政治和經濟。

區塊鏈

從 VR 開始，元宇宙相關技術都至少經歷了 20 年的打磨，一直到近幾年區塊鏈加密技術成熟之後，元宇宙的世界才真正的走到創世紀。

因為區塊鏈可以為元宇宙世界建構最重要的秩序，讓每個人和物都擁有獨一無二的身分，而且沒有人能仿冒和更改。

在區塊鏈的世界裡，加密貨幣不止是貨幣，更是一場革命，因為虛擬貨幣是一種不受任何權力機構（如國家、銀行）控制、不會遭受阻止或沒收的貨幣。它的發行是由演算法及電腦程式碼決定，而不是由政客和央行總裁來決定。

以太坊（Ethereum）把區塊鏈技術發揚光大，超出最初的加密貨幣領域。加密貨幣的元祖比特幣想只成為 P2P（peer-to-peer，點對點）的貨幣，以太坊則是想成為 P2P 的一切。它想成為「世界電腦」，藏身在一個更分散、更去中心化、更自由的世界背後。

收錄英文字詞量超過 60 萬的「牛津英語詞典（Oxford English Dictionary，OED）」對元宇宙的解讀是：「一個俚語，用於描述通過虛擬現實軟體實現的現實的虛擬世界（A slang term used to describe a virtual representation of reality implemented by means of virtual reality software.）。」

現在談元宇宙，有點像是在1970年代談互聯網。這種人類史上未有的溝通模式正在發展中，沒有人真正知道未來元宇宙會是什麼樣子。就像當年大家都知道互聯網的時代一定會到來，但並不是所有關於互聯網的想像都是正確的。

元宇宙最吸引人的特質，其實是過去30多年來人類一直透過網路想尋求和創造的感覺，讓人們能夠「在不在一起的時候感覺在一起」。到今天為止，這樣的想法連臉書和蘋果都做不到，那也許正是催生下一家市值超過一兆美元企業的風口機會。

對於元宇宙常見的十個問題

　　許多人都認為元宇宙代表許多的未來，終將影響我們生活裡的每一件大小事。但是在這個未來還沒到來之前，每個人心裡對元宇宙都多多少少有些不同的疑問和好奇，以下這十個問題是最常被問到的問題：

一、元宇宙是由臉書發明的嗎？

二、元宇宙只是一種網路遊戲？

三、進入元宇宙一定要用 VR 眼鏡？

四、元宇宙是一種全新的科技？

五、元宇宙很不安全？

六、在元宇宙可以賺很多錢？

七、元宇宙可以讓人離開現實世界、長期活在虛擬世界？

八、元宇宙只是一種流行，早晚會泡沫化？

九、元宇宙會被大科技公司壟斷？

十、元宇宙會讓人類滅亡？

以下，讓我們針對以上這些問題來聊聊。

元宇宙是臉書發明的嗎？

臉書是目前對元宇宙發展最積極的企業之一，但是臉書並沒有發明元宇宙。

除了臉書，微軟、蘋果、阿里巴巴、騰訊等科技公司也都已經提出屬於自己的元宇宙論述。縱觀各家說法，元宇宙其實比較像是一種概念和想像，以現在網路產業的基礎發展出下一代的服務，強調「更深刻的體驗」、「去中心化」和「更自由」、「更自主」等特質。

「元宇宙（Metaverse）」這個名詞源自1992年科幻小說《潰雪》。這部小說的作者尼爾・史蒂芬森想像出一個綿延超過4萬英里的3D虛擬城市，叫Metaverse。

2021年10月28日，臉書執行長祖克伯將臉書改名為「Meta」，表示元宇宙是下一代的互聯網，也是臉書未來的發展方向。他表示要讓用戶在虛擬世界中，與朋友、家人和同事得到實體世界所沒有的體驗。

當時有媒體認為，臉書之所以對元宇宙展開大動作，主要的原因是年輕用戶持續流失，想用元宇宙這帖猛藥讓自己的品牌年輕化。

臉書於2014年以20億美元收購了生產VR眼鏡的Oculus公

司。這個併購案被視為臉書進軍元宇宙的起手式。現在，臉書更發下豪語，要在10年內帶領10億人進入元宇宙。

　　至於臉書在元宇宙的獲利模式，很可能仍然是延續目前的方向，大量收集使用者的個人資料與數據，然後賣給有需要的廠商或個人。祖克伯說，廣告將繼續成為臉書在元宇宙的主要收入來源。

元宇宙只是一種網路遊戲？

臉書執行長祖克伯說元宇宙絕不只是電玩遊戲，而是可以提供更大價值的生活與工作平台。但是微軟在2022年1月收購暴雪遊戲公司，執行長納德拉卻說，電玩是建構元宇宙世界的重要基石，也會是未來元宇宙最重要的媒介。

到目前為止，元宇宙所創造出的市場裡，電玩遊戲創造了最大的產值，知名財經媒體集團彭博（Bloomberg）預估到2030年將會擁有2.5兆美元的市場。被稱為「元宇宙第一股」的Roblox公司2021年3月在華爾街股票上市，公司市值馬上衝破400億美元；微軟收購暴雪花了687億美元。這些數字都說明了電玩市場在元宇宙世界的分量。

微軟表示，未來對於元宇宙電玩市場的各種參與動作將會持續加大，所有的電玩資源都會和各種商業和生活運用結合，比如與Microsoft 365和Azure雲端來整合獲利。

臉書則從宣布進軍元宇宙的那一秒就宣示，自己所發展的元宇宙不只會用在娛樂。但是從目前的情況看來，元宇宙裡的電玩平台已經是許多人工作和生活甚至謀生的場域（許多人甚至在元宇宙電玩裡邊玩邊賺以謀生），Fortnite、Roblox這些遊戲世界已經成為見面、聊天和結交朋友的地方。Fortnite甚至舉辦了千萬

人在元宇宙共聚一堂的演唱會。

很多人相信，元宇宙將不僅僅是遊戲平台，它對全世界的經濟和社會都將產生巨大的影響。人們不僅應該玩遊戲，還應該努力為即將到來的虛擬世界時代做好準備，那裡面將充滿各種不可避免的經濟、法律和社會挑戰。

進入元宇宙一定要用 VR 眼鏡？

特斯拉的創辦人伊隆·馬斯克說，不管元宇宙再怎麼發展，都不會有人想要把一台電腦或手機整天貼在自己臉上。

以上的說法顯然直接打臉祖克伯在臉書所提供的解決方案，到目前為止，VR眼鏡仍然是大家所知道的元宇宙世界主要入口。但是也有人也認為，我們很快就不需要透過VR眼鏡來進入元宇宙了。

至今，已經有許多人在使用VR眼鏡後感到眼睛疲勞、頭暈和噁心。這些症狀都是由VR技術所引發的，當眼睛持續聚焦在遠處出現的物體上，但是這些物體實際上卻是呈現在只距離眼球幾公分的小銀幕上，這種對我們視聽感官的欺騙行為很自然會對身心感官造成不良的影響。

於是開始有業者開始研發更友善的元宇宙介面，比如不斷改善各種擁有攝影機的行動裝置（如智能手機和平板電腦），讓使用者能更健康、更有效率的體驗元宇宙世界。這也促使AR（Augmented Reality，擴增實境）科技的被關注，許多人認為這會是進入元宇宙更方便友善的方式，甚至有傳言說蘋果的元宇宙介面將會是AR。AR和VR有根本性的差異，AR只要使用現有的設置（如手機），VR則需要使用特殊的軟硬體裝備。AR可以讓

使用者同時控制現實世界，但是VR卻只能控制虛擬世界。

　　蘋果公司執行長庫克曾公開表示，他對AR感到興奮，因為可以脫離封閉的VR世界，AR同時活在虛擬和真實的世界，整合兩個世界的資源讓工作和生活都能不斷改善。

元宇宙是一種全新的科技？

到目前為止，元宇宙並沒有出現過任何新科技，而是把過去30年來網際網路上的各種重要科技做整合。也就是把Web1.0（從1990年到2000年，通稱為「上網時代」），和Web2.0（從2000年到2020年，通稱為「上雲時代」）的發展集其大成來造就今天之後的Web3.0時代（也通稱為「上鏈時代」）。

元宇宙整合運用各種科技，讓虛擬世界體驗更加身臨其境，主要使用的科技有「區塊鏈（Block Chain）」、「擴增實境（AR）」和「虛擬實境（VR）」、「人工智能（AI）」和「物聯網（IoT）」。

「區塊鏈」技術為數位資產的所有權提供證明，也為數位資產的收藏、價值轉移、管理提供了完整的解決方式。像加密貨幣在網路世界能自由快速的安全流通，就是依賴區塊鏈科技。區塊鏈也是元宇宙最重要的基礎結構，像是一棟大樓的地基和棟樑。

AR和VR為我們提供身臨其境的3D體驗，是我們進入虛擬世界的入口點。AR使用數位視覺科技來改變現實世界，比VR更容易使用，而且幾乎可以在現有的任何電腦設備使用，像知名的手機遊戲Pokémon GO就是運用AR技術，當玩家在手機上打開相機時，就可以看到現實世界環境中出現的神奇寶貝。

在元宇宙中，AI人工智能可以在不同場景中創造「非玩家角色（NPC）」。幾乎所有遊戲中都有NPC，它們是遊戲環境的一部分，能自動對玩家的行為做出反應。

而物聯網（IoT）將現實世界中的一切都通過傳感器和設備連接到互聯網。為元宇宙收集和提供來自物理世界的數據。

元宇宙很不安全？

這其實是一個永遠的常態，每一次新科技出現，人類往往才會在事後想到安全問題。就像汽車發明之後才會想到需要紅綠燈，網際網路出現之後才會想到要如何免於駭客和病毒的攻擊。元宇宙也將可能面臨需要數年時間才能解決的重大安全問題。

目前很確定的一件事情是，元宇宙將是一個實體與虛擬相遇的地方，而且兩者之間的界限也會變得越來越模糊。未來，我們的工作、生活、消費、休閒和學習都會花越來越多時間在元宇宙裡，這也意味著元宇宙會擁有我們越來越多的個資甚至隱私。在過去，虛擬世界和真實世界是分開的，但是在元宇宙世界，這兩個世界會彼此影響。打個比方說，你在虛擬世界的錢可以在實體世界花用，你在虛擬世界所犯的罪也必須在真實世界付出該有的償還。

各家積極進入元宇宙的科技公司也都了解，在元宇宙，必須建立安全、私密和可靠的虛擬世界，這是道德也關係著生意。這樣的心態可以讓我們對元宇宙安全有基本的信心。

有人形容，現在的元宇宙就像美國西部牛仔電影裡的蠻荒無法之地。很少有人敢冒險進入的無法無天的地方，但是也有不少

準備大撈一筆的人早就進去等待機會，這些人大都是電腦駭客所扮演的詐騙集團。所以目前網路上已經有越來多的NFT和虛擬貨幣交易詐騙。

在元宇宙可以賺很多錢？

有人形容，元宇宙是繼1990年網路產業熱潮之後的另一波數位淘金熱，從個人到企業都爭先恐後的跳進來這個新世界尋找商機。

到目前為止，元宇宙的一切投資都是高回報高風險，不管買的是虛擬貨幣或NFT，一天之內漲跌幅度超過30%是常見的事。一般預期，元宇宙的投資總值會在2024年超過8000億美元。

加密貨幣是目前元宇宙的主要投資工具之一，讓許多投資者在一夕暴富也一夕破產。另一個在元宇宙受到關注的投資工具是NFT，過去許多投資人把藝術品當成投資標的，從1995年到2021年，它的漲幅超過標準普爾500指數164%。但是在2022年，全球NFT市場飆破500億美元，也超越了傳統藝術市場。

此外，虛擬房地產也是元宇宙蠻受歡迎的投資標的，在Sandbox公司的虛擬土地上，有家公司出售了100個私人島嶼，其中包括用於船隻和摩托艇的別墅和碼頭。其中90個島嶼在上市第一天就以一萬五千美元的價格售出，又馬上轉售，價值已達到三十萬美元。這聽起來像是一項真實的房地產交易，但所涉及的房地產實際上並不是真實的。

元宇宙是一個新興的高風險、高回報世界，有許多的想像力與空間。也真的有許多人在元宇宙發了財，但是破財的風險也正跟著同步升高中。

元宇宙可以讓人長期活在虛擬世界？

是的，到目前為止，有三種原因讓人類活在元宇宙或準元宇宙的世界裡的時間越來越長。

一是社經環境，二是科技發展，三是人性所需。在全球疫情的影響下，人和人之間越來越依賴以虛擬接觸來取代實體的接觸。線上會議、線上社群、線上叫外送……，我們的工作和生活都越來越遠離實體世界，人類其實早就已經進入「準元宇宙」時代。

元宇宙最吸引人的特質是，可以讓我們去體驗過去不可能擁有的體驗。這一秒和鯊魚一起游泳，下一秒可以到三萬英呎高空跳傘，我們甚至可以化身成為任何想成為的名人、動物甚至物件。

許多權威機構的研究預測都認為，2030 年之後，元宇宙將會讓地球上絕大部分的人活在虛擬世界，並且，待在虛擬世界的時間會超過在真實世界的時間。以工作會議這件事來說，地球上實體會議的的總時數其實已經早早就被線上會議給超車了。未來，甚至有許多現實世界的生活會被虛擬生活所取代，

目前，Gucci、Balenciaga 和 Dior 這些精品名牌都已經推出了元宇宙產品，包括服裝、手提包和各種裝飾品，這些虛擬商品

的售價甚至高於實體商品。像Nike在2021年就收購了數位運動鞋公司RTFKT，這家公司在被收購之前只售出600雙NFT虛擬鞋，卻已經創造300萬美元的收入。

　　從個人需求和商業勢力的發展來看，這兩股一拉一推的力量，正讓我們活在虛擬世界的時間越來越長，而虛擬世界對我們的影響也將會超過真實世界，甚至成為另一種真實。

元宇宙只是一種流行，早晚會泡沫化？

2021年11月是元宇宙市場的爆發點，臉書執行長祖克伯宣布 all in元宇宙，馬上帶動全世界「元宇宙概念股」的股價飛漲。在短短幾個月的時間裡，元宇宙從一個模糊的概念變成了商業世界最受追捧的的流行關鍵字。

但是，很快的，許多跡象顯示，市場對元宇宙的興趣正在減弱。臉書的市場價值甚至一度下跌到和最高峰相距80%的低點，臉書元宇宙實驗室在2021年運營虧損超過100億美元，這個部門專注於AR和VR研究，預計今年的虧損至少會超過100億美元。而元宇宙這個名詞在Google搜索量更大幅下降超過70%。以上這些數據都顯示，人們對元宇宙的普遍興趣正在下降。

在中國，元宇宙也經歷了大爆發和泡沫化旅程。2021年，在中國有一千五百多家公司申請了一萬一千多個與元宇宙相關的商標，其中有九成是在臉書宣布進入元宇宙之後才申請的。中國市場上有越來越多元宇宙公司，但這些新創生意並沒有產出太多有價值的商品和服務，只是不斷的做大夢來炒高股價。觀察家認為，中國元宇宙市場將會崩潰，甚至引發另一場危機，像2000年代初的互聯網市場泡沫化，而且還會讓科技和互聯網行業倒退數十年。

元宇宙會變成泡沫嗎？同樣的情況在過去30年也不斷重演過，網際網路產業從1990年代不就是一路泡沫起起伏伏發展到今天？甚至發展出人類史上從未出現的市場價值破一兆美元的酷斯拉級企業。

　　要預測元宇宙會不會泡沫可能還為時過早，和每一場科技革命一樣，人類顯然高估了元宇宙的現在，卻低估了元宇宙的未來。

元宇宙會被大科技公司壟斷？

目前市場上的主流意見是：元宇宙是開放共享的世界，不可能出現技術壟斷者，每個人都會完全擁有和管理自己的數據和數位資產，每個人都會參與管理元宇宙。元宇宙是公共財，任何大科技公司（如臉書、Google、蘋果……）都不該也無法控制元宇宙。

尼爾‧史蒂芬森在他1992年出版的小說《潰雪》裡曾經描繪過他想像的元宇宙願景，他說元宇宙是一個由許多虛擬房地產所建構成的3D世界，用戶的化身在其中閒逛，這個世界由一家名為Global Multimedia Protocol Group的公司運營。

過去30年來，網路產業一直是大魚吃小魚的劇情，臉書吃下了Instagram和WhatsApp，亞馬遜吞併了許多公司，這些公司壯大了之後又去併更多公司。以上這些劇情都有可能在元宇宙重演，但是這些公司不會像今天這樣把消費者當成自己的商品或奴隸，而是必須釋出更多善意和資源來討好消費者。因為消費者也會發展出自己對付這些科技企業的方式（比如DAO這樣的去中心化自治組織），這也是人類商業世界所沒發生過的事，消費者會在市場中擁有更多的自主權。

比較可能的情況是，元宇宙將是一個匯集許多小元宇宙的超

級平台，這個平台上有社交媒體、線上遊戲和各種生活與工作所需的服務，在現有的網路產業基礎上建構新的經濟生態。大科技公司仍然會是這個生態裡的強勢物種，而身處其中的我們每一個人則會得到更多的資源，也將決定這些強勢物種的生死存亡。

元宇宙會讓人類滅亡？

在各種關於元宇宙的討論裡，元宇宙將讓人類在地球消失一直是個熱門議題。

這背後的兩難情境，有如神話中的潘朵拉盒子該不該被打開？如果我們知道元宇宙終將是一場災難，還要不要走進這場災難裡？

一定會有越來越多人走進元宇宙，甚至不願意出來。因為現實世界充滿許多不可預期的痛苦，人性總渴望離苦得樂且好逸惡勞。就如同電影《楚門的世界》，很多人該會想要一輩子都活在那種「無病無災到公卿」的美好人生。這樣的人性，很可能就是元宇宙之所以會讓人類消失在地球上的原因。

在元宇宙時代，人們會對自己的化身和虛擬生活越來越著迷（試著想像為什麼網路上有那麼多人喜歡分享自拍照），甚至會開始討厭他們的現實生活。人們將不再喜歡在現實世界中相處相遇，不會再有派對，不會再有社區，甚至不再需要和人相處。

以上這樣的想像，可能從現在來看會感覺有點誇張。但是試著想像，10年、20年後出生的小孩，這些人每天很可能至少會在元宇宙生活超過12小時（別懷疑，現在地球上很多人每天花在線上會議和課程的時間都已經超過8小時）。元宇宙很容易變

成另一種讓人成癮的藥物甚至毒品，全球幾十億人沉迷在這個世界裡，因為這個世界可以讓每個人選擇自己想要的人生。

　　然而，就像英國小說家赫胥黎所寫的《美麗新世界》這本小說所言，科技所建構的新世界看似壯麗，但並沒有讓人類的文明更進步，反而讓社會文化退步甚至崩潰。但是人類始終沒有改變，總是樂觀勇敢的大步邁向下一個由科技所幻構的美麗新世界。

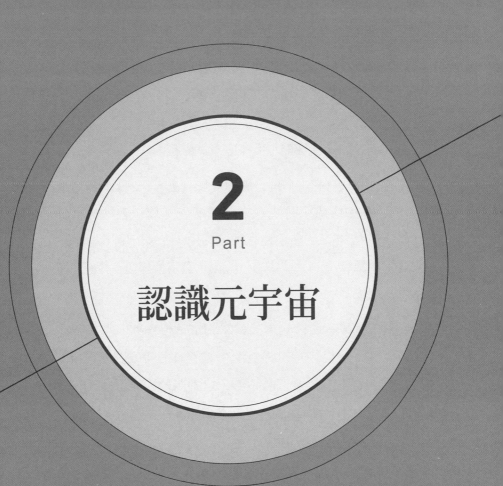

2

Part

認識元宇宙

2049 年的元宇宙

2049 年，台北

早上 8 點，還在讀大學的小雲從夢中醒來，透過腦波科技，她在睡眠時間裡去了一趟玉山，並且在山頂上了一堂瑜珈課，醒來時已經回到台北。她把所有的身家都幾乎壓在元宇宙，因為不管睡著或醒著的時候她都生活在虛擬世界裡。

或者該說，那個虛擬的世界比真實還真實。包含睡覺時間，她每天至少有 15 個小時在元宇宙裡活動。對一個大學女生來說，她幾乎找不到活在現實世界的理由。上課、逛街血拼、混演唱會、談戀愛……，一切的一切在元宇宙裡都變得更便利、更有效率，也更好玩。

現在，小雲正戴上元宇宙眼鏡準備開始她新的一天。在 2049 年，智慧型手機已經在世界上消失，所有的穿戴式裝置都被濃縮在一個看來平凡無奇的眼鏡裡。這副眼鏡也是元宇宙的通行證，要是沒有這副眼鏡，工作與生活都寸步難行，只要戴上這眼鏡，就能馬上進入元宇宙。

所以，一切都是元宇宙了，就如同小雲在實體世界裡不太花錢買衣服和化妝品，卻在虛擬世界裡一擲千金。她每天穿著一件 300 元的 T 恤，在元宇宙世界裡的衣服卻每件都超過 3000 元。

阿波是內湖科學園區裡的科技宅男，他和小雲在元宇宙裡相遇和相戀，即使兩人從沒見過面，卻已經論及婚嫁。這當然不是兩人第一次在元宇宙裡的婚姻，彼此都經歷過好幾次的分分合合，但是在實體的世界兩人始終單身。元宇宙讓台灣不婚不生不育的年輕人越來越多，政府一直想盡辦法鼓勵生育，但始終成效不彰。

小雲終於答應阿波的求婚，在阿波送她一幢別墅當求婚禮物之後。這幢別墅位於美國的曼哈頓，打開落地窗就能看見中央公園。當然，這一切的景物都是虛擬的，元宇宙世界裡也有個一比一用數位科技打造而成的紐約曼哈頓。但是小雲很清楚，虛擬世界裡的曼哈頓公寓甚至比實體世界值錢，她如果和阿波分手之後。還可以用這幢她名下的公寓來收租，租金就能讓她一輩子不愁吃穿。

兩個世界

以上的故事看來都是對未來元宇宙世界的想像，但是有些相關的劇情都已開始在今天發生。

一件3000元，穿在手遊電玩人物裡的虛擬外衣已經不是新聞，利用區塊鏈打造的NFT曼哈頓城市更早已問世，這些位於虛擬世界的房地產身價也正日益高漲。虛擬世界的貨幣的漲幅更是早早超越黃金，今天的世界，其實已經是「半元宇宙」或「準元宇宙」，世界各國上網時數越來越多。根據研究機構DataReportal

所發布的「數位2021：全球概覽報告」指出，全世界網民平均上網時間為7小時，這也說明了我們的工作和生活（甚至睡眠）時間越來越多消化在網路虛擬世界，甚至有越來越多人在網路上工作和賺錢。

以菲律賓為例，現在每個菲律賓人每天平均上網已經超過10小時，這個數字的背後，其實是區塊鏈電玩所驅動。電玩廠商開發出的P2E（Play to Earn，邊玩邊賺）模式，讓越來越多的菲律賓人投入電玩世界，電玩對許多菲律賓人而言不只是娛樂，更是謀生和脫貧的重要方式。

有人甚至認為，元宇宙的世界其實早在網路創世紀的年代就已經開始，網路本來就是一個為了去中心化而生的世界，但是在資本市場介入之後就淪為商業巨頭謀取暴利的平台。而2009年區塊鏈技術問世之後，只是把網路世界導回它原來該走的路。

今天的和未來的NFT

元宇宙其實不是未來，它已經透過各種方式滲透進入我們的生活，像NFT。

NFT讓數位資產價值化，把實體物映射成虛擬物品，也將虛擬物品轉化成可交易的實體，讓虛擬物品資產化。通過NFT，數位資產、遊戲裝備、裝飾、土地產權都有了它的交易的實體，也讓更多實體世界的資產融入虛擬世界。

NFT改變了傳統虛擬商品交易模式，使用者和創作者之間可以直接交易虛擬商品，就如同在現實世界買賣。NFT讓元宇宙權利實體化，本質上是提供了一種數據化的鑰匙，方便轉移和認證。

　　NFT讓元宇宙中的任何權利與資產實現化和金融化，甚至把各種權利具體化，從訪問權、查看權、審批權到建設權等。這些能力其實都已經在今天具備，也將在未來元宇宙的世界裡發展得更完備。

　　我們甚至可以說，是NFT建構了元宇宙。

元宇宙是什麼？

　　1992年，美國作家尼爾・史帝芬森（Neal Stephenson）出版了《潰雪（Snow Crash）》，在這本小說裡，他創造了「元宇宙（Metaverse）」這個新名詞，並且預言了未來元宇宙的可能場景。

　　「那條大街看不到盡頭，長達65536公里，比地球的赤道還長。」小說裡的元宇宙比真實的地球還壯麗，在這個虛擬世界裡，每個人都有個真實身分所投影的「分身（Avatar）」。透過VR眼鏡，每個人把自己的意識和感官與虛擬世界相連接，在其中社交、娛樂、學習、旅遊，甚至體驗一些在真實世界無法擁有的體驗，比如像貝佐斯、布蘭生這些富豪一樣去太空旅行。

　　其實，早在2003年，網際網路就已經出現「第二人生（Second Life）」的虛擬世界，並且吸引了許多玩家。每個人在這個電玩遊戲裡可以隨意創造自己的角色，這是一個擁有自己的貨幣和運作規則的國度，在2007年就擁有了500萬個用戶。

　　大家在第二人生裡購物、蓋房子、做生意，連BBC、路透社、CNN這些媒體都在這個平台上發布新聞；IBM在裡面購買地產建立自己的銷售中心，瑞典政府甚至建立了自己的大使館，西班牙的政黨在裡面進行辯論。有玩家甚至通過買賣虛擬地產，在兩年時間裡贏得了100萬美元的現實資產。

這些過去人類向元宇宙探路的故事，也鋪陳出元宇宙的地基。歷經近30年的積累和發展，各項科技不斷的進化和完備，再加上疫情的催化，當2021年10月28日臉書創辦人祖克伯宣布全力進軍元宇宙之後，世人才大夢初醒。

原來，元宇宙的海嘯並非橫空而生，它和人類每一場重大的文明變革一樣，都是日積月累而來。只是世人並沒有意識到，那些在時間河流裡出現的點點滴滴，竟然拼貼出今天元宇宙的壯麗風景。

歷史總是不斷重演，對於新科技，人們總是高估短期可能帶來效益，卻又低估它所造成的長期影響。今天的元宇宙浪潮也是如此，根據彭博新聞社預估，2024年之前元宇宙相關市場產值將會超過8000億美元。摩根士丹利集團的環球團隊（Counterpoint Global）更早在17年前便開始研究元宇宙議題，今天摩根士丹利所投資的「元宇宙概念股」已經初具規模，在被稱為「元宇宙第一股」的Roblox和3D遊戲引擎Unity Software都持有相當的股份。而這些產業劇情看來都只是元宇宙這場大戲的前菜，更多豐盛的大魚大肉隨時會在未來被端上時代餐桌。

2021年，全球知名企業都把自己歸類在元宇宙賽道上。不久前，微軟執行長納德拉在公司的財報電話會議上提出了「企業元宇宙」的構想，說微軟已經做好布局，開發了HoloLens這樣的VR設備，並且投資了VR平台AltspaceVR。這些話一說完，公司

市值馬上躍升到世界第一的2.49兆美元。騰訊公司執行長馬化騰也宣布，騰訊將投下巨資打造元宇宙，在這之前，著名遊戲開發團隊Epic宣布獲得10億美元融資用於元宇宙業務開發，而騰訊則持有Epic 40%的股份，同時騰訊還投資了Roblox這家視為元宇宙要角的遊戲公司。

而臉書在2014年就收購了VR大廠Oculus，還推出了VR社交平台Horizon，並且宣布公司將全力轉型成元宇宙公司，甚至把公司名也改成了Meta。

目前全球被視為元宇宙概念股的企業正在不斷增加，根據一項名為「新創公司最熱門的科技關鍵字（Technology terms used in startup descriptions and tech articles）」的調查，2020年最火紅的15個名詞通通都已經在2021年被轉成「元宇宙」，從電商到色情網站，人人都把自己定位規類成「元宇宙」公司。

到底什麼樣的公司才叫「元宇宙公司」？

根據知名的VR平台Beamable執行長Jon Radoff的定義，元宇宙公司至少可分為7個類型：

（1）體驗：提供元宇宙體驗服務，例如遊戲和社群平台，像Fortnite、Snap。

（2）導流：把人們吸引帶領到元宇宙，例如搜索引擎、APP商店，像臉書、Google Play。

（3）創意經濟：幫助創作者為元宇宙創造各種資產並且從中獲利，例如設計工具和圖形工具，如 Roblox、Adobe。

（4）運算：將實體世界的物件轉換成 3D 的運算轉換，例如 3D 引擎、手勢識別，像 Unity、Autodesk。

（5）去中心化：將實體和虛擬世界轉移到更加去中心化和民主化的元宇宙世界，像 IBM、Ethereum 等。

（6）人機介面：幫助人們進入元宇宙的硬體與周邊，如穿戴裝置、智慧眼鏡，像臉書的 Oculus、Apple。

（7）基礎設施：半導體晶片、5G 通訊等基礎科技服務，像 Nvidia、AMD。

儘管元宇宙看起來還很新，但是已經讓人感覺無所不在。可預期的，放眼未來，更是元宇宙的大江大海。

爲什麼您不能不了解元宇宙？

　　金字塔、秦皇陵、英格蘭巨石陣以及世界各地的古文明遺跡……，千千萬萬個到今天仍然是個謎的文化珍寶其實是個暗示，暗示著元宇宙時代必將來臨而且改變整個世界。

　　《人類大歷史》這本書在全球銷售超過兩千萬本，作者哈拉瑞在這本訴說人類文明歷史的書裡強調：人類生來喜歡討論虛構的事物，也因為這樣而不斷的催生新的文明。人類會集體想像，編織出可以共享的虛構故事，因為這些故事可以促成人和人合作，也可以讓社會快速創新。

　　從網際網路發展的經驗來類比，元宇宙也將會是一系列相互關聯的虛擬世界，如同今天的網路世界，其實是許多可以相連互通的小網路所串連起來。一開始，元宇宙可能看起來像電玩遊戲，但是一定會快速演變、進化，深入介入真實世界，構成更複雜更多元的生活。從目前的情況看來，元宇宙至少會帶來三場革命：

　　一、虛實革命：元宇宙將會在真實世界裡創造出虛擬的世界，人類在虛擬世界裡的時間也將會越來越多。真實、虛擬、虛實混合，這三種世界將會構成未來世界。

　　二、價值革命：在虛擬的時間越來越多，虛擬世界對人的影

響就會越來越真實而強烈，虛擬世界的各種人事物的價值甚至超過真實世界。

三、結構革命：虛擬世界開始撼動甚至改變真實的世界，甚至重整最重要的社會支柱；政治、經濟、法律、人文、科技、宗教、道德……都將產生新的典範。

以上這些革命其實早已經開始，在疫情的催化下，人類在虛擬世界裡的時數已經創下歷史新高。也因為有了虛擬世界，我們得以在疫情裡仍然可以彼此聯絡，甚至一起生活、學習和工作。越來越多的資源被放在虛擬世界裡，加密貨幣的身價老早就超過黃金，電競選手的收入不亞於職業運動員，各國政府的法律無法干預網路世界。

以上這些劇情已經為元宇宙打下了基礎，而且勢必會變本加厲。讓我們更進一步來想像元宇宙所帶來的三場革命更可能的劇情：

一、虛實革命：利之所在，趨之若鶩，有錢能使鬼推磨，金錢一直是驅動人類工作最重要的資源。元宇宙的發展將會創造出更多就業和賺錢的機會，讓更多人在虛擬的世界賺真實的錢。在虛擬世界賺得越多，花在裡面的時間也越來越多，兩者彼此強化。

二、價值革命：在元宇宙時代，虛擬世界的價值將不會亞於

實體世界。在電玩世界裡，一起冒險犯難可以建立真實世界無法建立的革命情感。身手不凡的玩家在電玩世界裡所得到的崇拜和成就感就如同偶像明星。我們甚至可以想像，元宇宙所提供的經驗將會比真實世界更精彩更吸引人，通過科技創造各種匪夷所思的時空與場景。

三、結構革命：如同網紅所帶來的影響力，在元宇宙裡擁有話語權的角色也一定能影響實體世界。實體世界甚至不敢不重視虛擬世界的聲音，這都是今天網路世界已經發生的事。未來，元宇宙的文化、宗教甚至道德觀都將改寫我們的世界。

元宇宙可能會讓人沉迷其中，但沉迷往往不只是為了沉迷。就像明明知道娛樂沒有生產力，但是我們就是願意花時間和金錢在娛樂。當工作所得已經超出了生存的需要，就必須從休閒裡找到更大的滿足。在過去，人們選擇的是唱KTV和運動，這些事物也都會被搬進元宇宙裡。

在元宇宙，一切虛擬的體驗將不僅僅是虛擬的，這些體驗甚至對我們的思想和情感都將產生影響。比如在大型多人在線遊戲中，您如果從對手手中救出一位盟友，兩人在劫後餘生交談互動時，這樣的友誼已經不是「虛擬友誼」，而是真實的友誼。

元宇宙也將會擁有每4年一次的奧運會，在奧運會裡奪牌的電子競技運動明星所得到的榮耀和獎勵，也將媲美真實世界的奧運選手。在元宇宙，人們不僅僅是在閱讀或觀看一個想像中的

世界，而是所有的人在其中互動。它不是一個虛構的地方，而是一個擁有真實社會、經濟和政治機會的新領域。這將擴大我們的體驗，遠遠超出物理世界的可能性。

　　所以，很明確的，元宇宙就是我們的未來，不了解元宇宙就無法掌握未來。

元宇宙簡史

　　歷史其實都沒有起點和終點，每一個現在都將成為過去和未來，元宇宙也是由許多曾經的未來所堆疊而成。

　　如果我們把視野回顧過去的40年，就能把元宇宙看得更清楚。了解整個來龍和去脈，也可以明白元宇宙發展的各個里程碑，知道這個虛擬世界是如何一步步成型，而且越來越深刻的影響了真實世界。

　　每一個過去所發生的歷史，都一直同步在虛擬和現實的世界讓彼此消長。發展到今天，已經有許多人認為元宇宙比現在的世界更安全、更民主、更美好。而這一切都源於以下這漫長的旅程：

　　1990年：網際網路問世，1990年12月25日，英國電腦科學家伯納李（Tim Berners-Lee）成功的讓終端機與伺服器以他所發明的「超文本傳輸協定（HyperText Transfer Protocol，HTTP）連線運作，網際網路開始了第一天。

　　1992年：《潰雪》小說發表，科幻作家尼爾·史蒂芬森在他寫的小說《潰雪》中創造了「元宇宙」一詞。

　　1993年：「工作量證明（Proof-of-Work，PoW）」理論問世，電腦科學家Cynthia Dwork和Moni Naor發表相關論文，打下網

路分工合作最重要的基礎思維。這個技術成為了加密貨幣的主流共識機制之一，比特幣就是採用這個技術發展出來的。

1998年：B-Money問世，電腦工程師Wei Dei提出B-money的概念，這是最早的加密貨幣理論，概念和比特幣非常相似。

2002年：「數位雙生（Digital Twin）」理論問世，這個讓真實世界與數位虛擬世界對應的概念和模型由學者Michael Grieves在製造工程師協會會議裡提出，也為虛實兩個世界建立溝通的基本假說。

2003年：「第二人生（Second Life）」電玩上線，這是一個建構在網際網路的虛擬世界，讓玩家以替身在其中玩樂和交朋友甚至做生意和買賣房地產。「第二人生」由Philip Rosedale和他在Linden Lab的團隊所開發，這個遊戲被許多人認為是元宇宙的先驅。一直到今天，「第二人生」仍然擁有100萬活躍用戶群，每個人每天在這個虛擬世界中停留超過4個小時。

2006年：「Roblox」平台上線，這個大型多人線上遊戲允許玩家在裡面設計自己的遊戲和所有人事物，Roblox每月有著約1.64億人次的活躍使用者，美國16歲以下的兒童中有一半是這個世界裡的玩家。

2009年：比特幣誕生，2009年1月3日，自稱中本聰（Satoshi Nakamoto）的電腦玩家發明了區塊鏈，並且在網路裡成功的開採

了50個比特幣，這是比特幣誕生的第一天。

2010年：「邊玩邊賺（Play to Earn，P2E））概念問世，扭蛋遊戲開始在日本流行，玩家在自動售貨機買扭蛋，打開扭蛋可以得到各種獎勵甚至現金回饋。這樣的模式也成了元宇宙經濟的前導，邊玩邊賺已經注定是元宇宙重要的經濟活動，讓人在虛擬的世界賺取真金白銀。

2011年：《一級玩家（Ready Player One）》小說問世，美國作家Ernest Cline寫了這部科幻小說，介紹了元宇宙的概念。這部小說在2018年被大導演史蒂芬·史匹伯改編成電影，是最知名的元宇宙概念作品之一。

2012年：NFT（Non-Fungible Token，非同質化代幣）問世，這種建構在區塊鏈上的不可互換替代的加密貨幣成為造就元宇宙的關鍵技術。透過以太坊社群的共同協作，可以為任何數位資產標示所有權，也成為元宇宙經濟的開端。

2014年：V神出圈，1999年，Peter Thiel的公司Confinity與Elon Musk的X.com公司合併，組成了PayPal。三年後，eBay以15億美元收購了PayPal。2010年，Peter Thiel宣布成立Thiel Fellowship，為22歲以下的學生提供10萬美元的創業基金。2014年，這筆贈款的獲得者之一是20歲的以太坊聯合創始人Vitalik Buterin，他被網友稱為V神。

2015年：以太坊（Ethereum）問世，2015年7月，Vitalik Buterin 和 Gavin Wood 推出了以太坊網絡以及以太坊區塊鏈。

2015年：Decentraland 平台問世，Decentraland 是建構在以太坊上面的3D虛擬實境平台，它通過工作量證明的算法分配給參與開發的玩家「虛擬土地」。

2015年：「智能合約（Smart Contract）」技術問世，智能合約理論在1990年代初期被提出，可以自動履行區塊鏈世界裡的各種承諾的協議。2015年，在以太坊區塊鏈上推出智能合約產品，以去中心化的運作，允許交易雙方不需經過第三方的情況下進行交易。

2016年：「Pokémon GO」問世，這是第一個將把虛擬世界融合到現實世界的遊戲。以GPS定位技術來捕獲、訓練和戰鬥虛擬生物，在世界各國都成為現象級的熱門遊戲。

2016年：「DAO（Decentralized Autonomous Organization，去中心化自治組織）」問世，The DAO 公司在2016年5月通過眾籌代幣銷售推出，這是一種在以太坊區塊鏈上創建的風險投資基金，以去中心化的融資模式，沒有經過任何中介單位為各種項目集資。

2017年：「Fortnite」上線，這款多人線上遊戲在發布後大受歡迎，它的內容也向許多人介紹了元宇宙和加密貨幣，到今天

Fortnite 用戶群總數為 3.5 億。

2018 年：「穩定幣」問世，由以太坊引入的穩定幣給多變的加密世界添加了穩定元素。穩定幣與美元掛鉤，使其波動性大大降低，而且對於去中心化金融（DeFi）而言，它的加密貨幣更加可靠。

2020 年：新冠肺炎來襲，當 2020 年疫情爆發時，全世界所有人幾乎處於隔離狀態，如何消耗時間和精力成了全球性的問題。虛擬數位很快就成為越來越多的年輕人、遊戲玩家和想在網路世界賺錢的人的首選之地，疫情也成了催生元宇宙的「完美風暴」。

2021 年：臉書、微軟、達輝、騰訊等科技巨頭紛紛宣告投入巨大資源發展元宇宙相關產品。

未來：在短短幾個月的時間裡，元宇宙的各項關鍵技術和新功能快速發展，全世界的政治、商業、宗教、娛樂甚至戰爭都將完全改頭換面。

從 NFT 想像元宇宙

那一天，歌手黃明志的 NFT（Non-Fungible Token，非同質化代幣）賣了 2500 萬台幣。幾天後，我和朋友合作發行的紅酒菁英 NFT（WindoWine）也上線拍賣，限量 282 套，在網路上不到一小時全部被搶光。

NFT 顯然已經成了熱門話題，特別是在不久前臉書宣示要全力進軍元宇宙之後，被視為元宇宙敲門磚的 NFT 更是備受關注。因為這是到目前為止，和元宇宙相關市場發展的最成熟的產品。

佳士德拍賣公司在今年三月把數位藝術家 Beeple 的 NFT 作品拍出 19 億台幣的天價；之後，另一家拍賣巨頭蘇富比也在四月舉行 NFT 拍賣，拍出總值 4 億 8 千萬台幣的作品。有了這些成績之後，NFT 在藝術市場顯然已經擁有自己的一席之地。

但是，除了讓人注目的成交數字，NFT 成為熱門話題和商品的背後，又還有什麼故事和價值呢？

「去你的支票，去你的鈔票，去你的第三方，來吧 NFT！」黃明志在他所寫的這首《GO NFT》的歌詞裡很清楚的點出了 NFT 去中間化和去中心化的特質。他出售 NFT 賺進 191 枚以太幣（市值約新台幣 2500 萬）之後特別強調，為了呼應 NFT 的理

念，《GO NFT》這首歌不會上傳到YouTube、臉書等任何數位平台。他從NFT賺到的以太幣也會永久保存在區塊鏈的世界裡，將來也不會兌換為任何法幣。「這些以太幣將會永遠在虛擬世界裡面流通，對抗世界各大銀行。」黃明志說。

從許多角度看來，NFT都像一場革命，這場革命集結了許多特別的時空背景，發生在人類有史以來第一次實現虛擬貨幣關鍵價值的場景。

2021年，黃金價格下跌了6.1%，而比特幣漲幅卻達到124%。經歷疫情，面對通貨膨漲，人們選擇了擁抱虛擬的加密貨幣而不是黃金，這也展現了網路世界對政府和銀行的不信任。區塊鏈科技的問世也展現了對網路世界的自信，公開透明的紀錄勝過任何權力的監視和控制。

另一方面，NFT也為藝術創作世界帶來前所未有的可能，實現了創作者多年來的夢想，也解決了長期的問題。一件作品被創造出來之後，不用透過任何中間機制就能直接和市場對接，每一手的流通都能產生利潤回饋給最原始的創作者。這些特質都給了藝術市場更多的能量，也為創作者注入更多創作的動力。

如同黃明志的NFT選擇在OpenSea拍賣，除了因為這是全世界最大的NFT交易平台，也多少影射出他向來對抗體制的反骨風格。OpenSea是公海，是任何權力都無法管轄和控制的地方，也是網路原生思想最想創造的場域。目前，OpenSea的每月交易

量已經超過 100 億美元，2021 年 8 月的時候 OpenSea 的每月交易量才只有 30 億美元。

就如臉書創辦人祖克伯宣示全力航向元宇宙，喊出 10 年內要讓 10 億人進入元宇宙，他所想像的元宇宙也是一個沒有國界的混融世界。在這個虛擬世界裡，現實世界的法律、貨幣和價值觀都將失效，一切的遊戲規則都將由直接民主所產生。

目前，除了 NFT 之外，元宇宙的相關產品不外乎是「VR（虛擬實境）」、「AR（擴增實境）」和「MR（混合實境）」的遊戲，這些技術都至少已經發展了 10 年，都是些看來可有可無的娛樂。其實，全球電玩市場的人口早就超過 10 億，光臉書自己的用戶就超過 18 億，祖克伯發出的豪語看來是有幾分依據。但是，如果元宇宙只是個電玩遊戲場，這話題該不會引起這麼大的迴響。

到底元宇宙會是什麼樣的畫面？元宇宙有什麼用？有了元宇宙的世界會變成什麼樣子？這些問題顯然都不是現在能回答的。

就比如 20 年前 3G 行動寬頻網際網路剛問世的時候，沒有人想像得到這技術會完全改變人類的生活。那時大家都知道 3G 可以把無線通訊與網際網路等多媒體通訊結合成新一代行動通訊系統，能夠傳輸圖像、音樂、視訊，網頁瀏覽、電話會議、電子商務，卻不知道最後的結果是讓智慧手機成為地球上最強勢的媒體，今天地球上網際網路的流量超過 50% 來自手機。

10年後的元宇宙會如何影響我們的生活？那時祖克伯47歲，馬斯克60歲，貝佐斯68歲，庫克71歲，世界應該是完全不同的局面了。

元宇宙從何而來？

「元宇宙是個框，什麼貨都能裝。」這句順口溜說明了元宇宙有多紅，但是元宇宙並不是一夕爆炸而來，而是經過30多年的準備和積累才有今天。

如同之前在「元宇宙簡史」章節裡提到的，伯納李（Tim Berners-Lee）在1989年發明了網際網路的核心技術「超文本傳輸協定（HyperText Transfer Protocol，HTTP）」，這可以說是元宇宙的起源，今天和元宇宙相關的科技都是在後網路時代所發展出來。然後，1992年，科幻小說家尼爾‧史帝芬森（Neal Stevenson）創造了「元宇宙」這個名詞。2003年，「第二人生」遊戲在網路建構了人類第一個數位虛擬世界。

以上這些，都是鋪陳出今天元宇宙的重要歷史節點。

其實，早在1838年，當時的科學家就發現了創造3D影像的原理。把兩張圖像利用眼睛的錯覺組合成一張立體圖像，這個概念造就了日後VR眼鏡的出現。

1956年，人類史上第一台VR機器Sensorama Machine問世。這台機器通過將3D視頻與音效、氣味和振動椅相結合，模擬了在布魯克林騎摩托車的體驗，讓觀眾沉浸其中。1970年代，麻省理工學院創建了「阿斯彭電影地圖」，讓用戶能夠在虛擬世界

中遊覽科羅拉多州阿斯彭鎮，這是人類第一次使用VR將用戶傳送到另一個地方。

之後，就是前面所提的從1990年代到今天的發展。其中，2008年是元宇宙發展史上非常關鍵的一年，這一年的十月，化名中本聰（Satoshi Nakamoto）的駭客發表了一份名為「比特幣：一種點對點的電子現金系統（Bitcoin: A Peer-to-Peer Electronic Cash System）」白皮書，將區塊鏈轉從概念轉化為可執行、可運用的技術。

區塊鏈可以說是造就元宇宙最關鍵的科技，補足了元宇宙最後的一塊拼圖，因為VR和AI這些科技都已經累積了半個世紀發展能量，虛擬世界和真實世界之間的相連性大都已經打通，只缺認證能力。而區塊鏈科技讓每個人在元宇宙中具備可識別的身分（如同發給地球上每個人一張全球通行的數位身分證），也讓元宇宙世界裡的資產可以被認證、擁有和交易。

如果說區塊鏈是造就元宇宙這萬里長城的最後一塊磚頭，那「缸中之腦（Brain in a vat）」這個哲學論述則是元宇宙大船最重要的推進引擎。這個理論確立了元宇宙對人類的核心意義，說明這世界的一切都是由大腦認知而存在，如果是大腦無法認知的事，對人來說也就不是真實的。就像在元宇宙世界裡，所有的意義與價值都是被大腦所認知而產生。

「缸中之腦」理論是美國哲學家普特南（Hilary Whitehall

Putnam）所提出。他認為，大腦是人類創造意義的核心，如果科學家能創造一台機器「腦缸」，將大腦放入腦缸，並在腦缸裡注入讓大腦存活且正常運作的營養液，再用電線連結腦缸裡的大腦，放送出各種刺激電波來創造大腦的各種認知。通過這種方式，科學家可以創造一個完整的虛構世界，讓被俘虜的大腦感覺不到這一切都是假象。這樣的論述除了影響了像《潰雪》、《駭客任務》、《全面啟動》這一系列的文學和影視作品，也是元宇宙科技一致對標的學說。

依普特南的說法，或許正在讀這篇文章的你，實際上並不是一個人，而只是一個缸裡的大腦？你可能會試圖證明我錯了，但你會發現這很困難，因為這樣的理論從 15 世紀就開始被哲學家不斷論述。到了 1973 年，美國哲學家哈曼（Gilbert Harman）更在他的認知科學實驗室裡證明了缸中大腦永遠無法知道它是在人的顱骨中還是在注滿營養液的腦缸中，所以永遠無法知道它所經歷的一切是真實的還是幻覺。

哲學家笛卡爾的名言是：「我思故我在。」萬一這個思考的大腦一開始就被欺騙了，那這一切的思考是否有意義？

從笛卡爾的理論來延伸解讀，即使大腦被欺騙了，它仍然是為了被欺騙而存在的。所以，大腦如果能夠質疑自己的存在，就足以證明它的存在。就像在元宇宙世界裡，許多人事物明明是假的，但是在身處其中時卻讓人感覺無比真實。

以上這些就是元宇宙的來處，融合了科學和哲學，歷經千山萬水與滄海桑田。更讓人好奇的是，這一切的一切，到底是一種超越還是回到原點？

　　就像Metaverse這個字被翻譯成元宇宙，在東西方的認知是完全不同，英文的Metaverse指的是由資訊科技所創造的宇宙（Meta其實是最早用在處理電腦資訊的用語，如MetaData就是標示資訊的資訊），而中文的元宇宙裡的「元」字，可以解讀成「位元」和「本源」。

　　說到這裡，元宇宙也成了哲學問題了，東西方各自解讀、幻構元宇宙，看來殊途，卻可以同歸。

　　元宇宙最終其實只存在我們的大腦裡。

區塊鏈

區塊鏈像是一個在網路上面所有人都能使用的電子記帳本，每個人都可以來記上一筆，卻沒有人能自行塗改過去任何一筆。只要有人試著去改動過去的紀錄，所有人都會知道這件事。而且，電腦會自動處理，並判定要接受或拒絕。

以上這些就是區塊鏈的功能和運作原理，也是建構元宇宙的關鍵科技，協助識別這個世界裡的一切人事物，也就是建構出元宇宙世界的所有通行證。

區塊鏈是一個去中心化的分散式資料庫，任何個人或組織都無法控制。區塊鏈為每一筆交易紀錄進行加密，並且複製、分散儲存在全世界成千上萬台的屬於不同個人的電腦裡，也就是由全世界所有人都在監看區塊鏈裡的所有資料，自然不怕被改動甚至銷毀。

區塊鏈由三個重要元素所組成，每條區塊鏈都包含三個基本元素：區塊、節點和礦工。

一、區塊（Blocks）：區塊中的數據是每個區塊中的最基本，每一筆資料都是32位數，這個隨機數是在創建區塊時自動生成的，然後生成哈希。哈希是一個與隨機數結合的256位數字，當創建鏈裡的區塊時，隨機數會生成加密哈希。除非破解這32x256

位數的密碼，否則區塊中的數據會被認為是已簽名的並且永遠與隨機數和散列相關聯。這是一個非常難的算術，人類無法做到，只能靠電腦不斷的運算才能完成。

二、節點（Nodes）：區塊鏈技術中最重要的特質是去中心化。這樣就沒有任何電腦系統或組織可以控制區塊鏈。區塊鏈通過鏈裡的「節點（Nodes）」來建構分布式的記帳本。節點是維護區塊鏈副本並保持網路正常運行的任何類型的電子設備（像電腦或手機）。每個節點都有自己的區塊鏈副本，必須通過運算批准任何新開採出來的區塊才能更新和驗證。由於區塊鏈是透明的，帳本中的每一個動作都可以很容易地檢視和查看。

三、礦工（Miners）：礦工通過稱為挖礦的過程在區塊鏈上創建新區塊。在區塊鏈中，每個區塊都有自己獨特的隨機數和哈希值，而且還引用了鏈中前一個區塊的哈希值，因此挖掘一個區塊非常不容易，尤其是在大型鏈上。礦工使用電腦（又稱礦機）解決極其複雜的數學問題，即隨機生成可讓區塊鏈能接受哈希的隨機數，也就是破解密碼的過程，這又被稱之為「挖礦」。因要同時解開32位和256位數的密碼，所以必須用電腦運算辨識超過40億個可能的的組合。當礦工找到了「黃金隨機數」的組合，所運算出來的這個區塊被添加到鏈中成為整個區塊鏈的一部分，而礦工也會得到虛擬貨幣的回饋獎勵。

目前，區塊鏈最為人所知也最廣泛的運用是加密貨幣，像比

特幣、以太坊幣。這些加密貨幣可直接用來購買商品和服務，就像數位化的現金一樣方便使用，但是比現金更好用又安全。因為加密貨幣使用區塊鏈作為加密安全系統，因此在線交易始終被記錄和保護。

到目前為止，世界上大約有7000多種加密貨幣，其中最知名也最常被使用的是比特幣。加密貨幣之所以受歡迎的原因，主要是安全性和穩私性，區塊鏈的安全性使盜竊變得更加困難，因為每種加密貨幣都有自己的不可改動的密碼，這個密碼都和擁有者連結。加密貨幣可以發送到世界上的任何地方和任何人，而且不需貨幣兌換或銀行的協助，並可以完全匿名。2021年2月，特斯拉宣布將向比特幣投資15億美元，並且接受用比特幣來購買特斯拉電動車。

目前，區塊鏈的用途已經擴大到到媒體、政府行政和資訊安全等領域。幾乎每個行業都可以用區塊鏈發展出各種多元的應用。像追蹤金融詐欺，在醫療系統裡安全地共享患者醫療紀錄，甚至追踪藝術家的商業和作品版權和知識產權。

越來越多企業投入研究和開發區塊鏈的產品和生態系統。區塊鏈也可以讓公司試驗突破性的創新技術（如點對點的能源分配或新聞媒體的工作和傳播方式）來挑戰當前的種種難題，而區塊鏈本身也一定會在發展各種新用途的過程中不斷成長壯大。

數位雙生

這一天，我和前台大校長李嗣涔在他的研究室裡聊天，他特別提到特斯拉（Nikola Tesla）這位已經過世的美國科學家。

特斯拉是直流電的發明人，他從小就有一項神奇的能力，能在大腦中產生影像視覺，以現在的說法就叫「開天眼」。比如想設計馬達的時候，只要在腦海裡想像、設計一具馬達的各個結構，然後讓馬達運轉，馬達如果轉得不順利就表示這馬達的設計有問題，如果轉得順利就可以馬上開模製作，而且一定能成功量產。

李校長說的這些特斯拉故事，在今天其實也某種程度的實現。利用「數位雙生」（Digital Twin）的科技，用電腦把實體世界的物件在數位世界裡生成一模一樣的虛擬分身，這個分身具有真實世界的一切元素和特質，可以在虛擬世界裡模擬真實世界運作的情況。

數位雙生的技術起源於航太科技發展的需要，1960年代美國一直努力探索太空，即使以今天的科技水準看來，那仍然是昂貴又危險的事。所以當時就開始試著用電腦模擬相關的實驗，整個過程也像是在打造一個元宇宙。

首先，先用電腦算出太空環境的各項數值，特別是風力和重

力這些重要的安全係數，然後再把太空船的各項數據算進去，並和整個環境的數據進行推演，整個過程就有如特斯拉在自己腦子裡進行馬達實驗。

數位雙生也可以說是元宇宙的基礎，有了在數位世界鏡射打造實體世界的能力，才有可能打造比現實更有想像力的世界。

過去半個世紀，數位雙生科技不斷發展，透過真實物體的各種數據打造出3D模型，並且以感測器蒐集其周邊活動的即時數據，再根據收到的即時數據，使3D模型的視覺表現與真實物體保持一致。

比如，可以使用數位雙生模擬工廠的生產過程，嘗試減少製造時間或成本，構建工廠的3D模型，包括工廠裡的一切生產機器、原物料、傳送帶、甚至是工人，讓這些元素在電腦裡運作，並且找到改善的方法。

現在，數位雙生技術被引用得更加廣泛，甚至是城市設計。以城市規劃為例，用電腦繪出城市的鳥瞰圖之後，再掌握車流變化的數字，就可以幫助城市規劃人員分析交通模式，確定在哪些位置需添加新的紅綠燈，或改變現有紅綠燈的切換時機。

數位雙生還可以幫忙評估城市該如何發展。比如該在哪裡蓋購物中心、辦公區、住宅區，甚至新增道路來舒解人車流量。今天，在不同的時空和場域裡，數位雙生不斷提供各種使用方式，通過監視與分析資產和工作流程，可節省更多的時間與金錢。

臉書在 2020 年宣布了數位雙生計畫「Live Map」，透過記錄地理資料和物體資訊的索引，以及使用者創建的內容與活動歷史，以這些數據來打造一個數位雙生世界資料庫，如同在臉書的世界裡鏡射複製出另一個地球。這是臉書最早的元宇宙想像，創造出虛實不分的經驗，讓感知跨越虛擬與現實界線，讓兩個世界彼此可交相影響彼此。

　　放遠未來的元宇宙時代，數位雙生的應用勢必會發展得更全面，也會更滲入我們的生活和工作，那時候，數位雙生的主要運用將會是在人身上。除了在虛擬世界創造一模一樣的分身，醫療體系也會運用數位雙生技術提供更精準先進的治療。

　　數字雙生技術的概念，最早是出現在 1991 年由 David Gelernter 出版的《Mirror Worlds》這本書提出的。後來，格里夫斯博士（Dr. Michael Grieves，當時在密歇根大學任教）在 2002 年首次將數位雙生概念應用於製造業，並正式發表了數位雙生概念。最終，美國航太總署（NASA）在 2010 年終於引入了這個新名詞「數字雙生」。事實上，NASA 在 1960 年代的太空探索任務中已經開始使用了數位雙生技術。

　　「你是否曾經有過一種夢，讓你感到如此真實？萬一你無法從那個夢中清醒呢？你要如何理解夢和真實的差異？」這句早在 1997 年就出現在電影《駭客任務》裡的金句，顯然預言了數位雙生和元宇宙的未來。

DeFi

財務自由是一切自由的基礎，這件事可以從心理學家馬斯洛（Abraham Maslow）的「需求層次（Hierarchy of Needs）」理論來理解。

馬斯洛認為，人的一生都在追求五種需求：生存的需求、安全的需求、被愛的需求、受尊重的需求及自我實現的需求。這也是人生中許多場景的不斷重覆；不管在什麼環境裡，總要先生存下來，然後再想辦法持續活下來，等活下來不是問題之後就需要更多親情、友情甚至愛情，助人並得到尊敬。

當以上四大需求都得到滿足之後，就會追求自我實現，想幹什麼就幹什麼（比如退休，什麼都不想幹也沒人管你）。以上這些一生需求的追求過程，其實也是追求錢的過程。

而錢也正是因為人類為了滿足這些需求而生。最早，人類只能以物易物來交換彼此所需要的物品，後來發明了貨幣做為交易工具。早期被人類拿來當作貨幣的物品，包括貝殼、茶葉、礦石、皮草、牛羊、黃金、白銀……，千奇百怪、無奇不有。

西元前6000年，埃及人使用金屬錢幣，西元1000年中國人開始使用紙鈔，今天已經進入虛擬貨幣時代。放眼未來，將會是人類歷史上經濟變化最劇烈的時代。

過去20年來，美國持續大量發行美元，使貨幣的角色從原本的交易工具演化為重要的投資手段。走到後網路時代，數位世界成為越來越重要的金融交易媒介，網路的複雜機制發展出電子貨幣，已經普及全球。而由網路支撐起來的金融經濟，卻在2008年引發金融海嘯使全球經濟崩塌。

同時，運用區塊鏈技術鑄造的虛擬貨幣橫空出世，比特幣在網際網路世界成為人類歷史上從未出現過的「世界貨幣」，以去中心化的匿名性和便利性吸引龐大的投資和投機資源湧入數位金融世界甚至嚴重影響全球金融產業。

於是人類的金錢歷史從此走入前所未有的「DeFi（去中心化金融，Decentralized Finance）」時代。

DeFi是植根於區塊鏈的金融系統，不依賴券商、交易所或銀行等金融機構提供任何金融工具，而是利用區塊鏈上的智慧型合約（例如以太坊）進行各種金融交易和活動。不管是借出或借入資金或是交易加密貨幣，甚至可以在虛擬帳戶中獲得利息。最重要的是匿名性。

根據統計，截至2021年8月底，已經有超過1500億美元投進DeFi市場，而DeFi狂潮看來才剛開始。不同於傳統金融系統需要對交易人進行身分認證才能進行買賣交易，DeFi利用了區塊鏈的技術，完全解決了身分認證的麻煩手續，也不需支出中介機構參與而產生的額外成本，於是很快的成為金融市場的強勢

物種，也為全球金融產業帶來巨大的挑戰。

　　放眼未來，DeFi 議題已經成了沒有人能忽視的功課，特別是對於以下三大族群：

　　一、金融產業：當金融科技已經成為產業顯學，如何在過去的基礎上理解 DeFi 的各種機會與挑戰？傳統金融產業收益來自中介利潤，在去中介化 DeFi 市場裡，金融業者該如何重新定位自己找到新的發展方向？這對產業和個人都是極大的挑戰。

　　二、區塊鏈產業：在 DcFi 解構和重組金融市場的同時，掌握核心優勢的區塊鏈相關產業其實也面對著越來越大的挑戰。如何與傳統金融產業共創共榮，為彼此創造最大的利益，並且共同開啟更大的榮景，而不是敵對甚至兩敗俱傷？

　　三、社會大眾：DeFi 不只會影響全球金融產業，也將影響我們每一個人，當產業遊戲規則改變，個人也自然必須去適應新的遊戲規則。與其等著被迫去適應，不如主動去了解，掌握機會遠離風險。

VR

《駭客任務》被公認是描繪元宇宙的經典大片，在這部電影裡有一段金句名言一直被傳述著。

「如果所謂的『眞實』是你所能感覺到、聞到、嚐到和看到的，那麼『眞實』其實只是你的大腦所轉譯的電信號（If real is what you can feel, smell, taste and see, then "real" is simply electrical signals interpreted by your brain.）。」這句話也和知名哲學家研究的「缸中之腦（Brain in a vat）」，遙相呼應。

美國哲學家和電腦科學家普特南（Hilary Putnam）在他的《理性、眞理和歷史（Reason, Truth, and History）》這本書裡指出，科學研究已經證實，人所體驗到的一切都是在大腦中轉化的神經電波訊號。所以如果將一個大腦從人體取出，放入一個裝有營養液的桶子讓大腦維持運作機能，再向大腦傳遞和原來一樣的各種神經電波訊號，並對大腦所發出的訊號給予回饋，這樣大腦能感受自己並沒有活在眞實的人體裡嗎？

反過來說，所謂「眞實」其實只是大腦所產生的感覺，這件事與事實並沒有關係，所以即使在很冷的天氣裡，只要想辦法讓大腦產生熱的感覺，身體也不會覺得冷。

這樣的描繪，其實就是一直以來人類對元宇宙的想像。創造

一個虛擬世界來讓人腦的感知和現實世界脫離，或者也可以說是把虛擬世界融進現實世界裡。這樣「虛擬實境（VR，Virtual Reality）」的想像，早在1935年就開始出現。

1935年，美國科幻小說家溫鮑姆（Stanley Weinbaum）在他的小說《皮格馬利歐的眼鏡（Pygmalion's Spectacles）》裡描述了一款VR眼鏡，說只要戴上這眼鏡之後，人類的視覺、嗅覺、觸覺等所有感官都會全方位沉浸在電腦所創造的虛擬實境裡，這本小說被認為是世界上率先提出虛擬實境概念的作品。

今天，人類的VR科技仍然沒有完全實現小說家在1935年所預言的畫面，但是VR科技已經被普遍認為是帶領人類走進元宇宙的敲門磚。2021年10月，臉書宣布要在10年內帶領全球10億人走進元宇宙之後，只要和VR技術相關的軟硬體公司（如宏達電）的股價都一路狂飆。

今天的VR科技源起於1960年左右，並在1980年左右奠定了今天的基本樣態。1984年，被稱為「VR之父」的矽谷創業家藍尼爾（Jaron Lanier）創辦了VPL Research公司，並且開發出頭戴式虛擬實境設備EyePhone和發明了VR這個名詞。

之後，從VR出發，科技產業陸續研發出各種相關技術和運用，像是MR、AR、MR和XR，這些技術都為元宇宙的發展鋪墊出一條條賽道：

VR（Virtual Reality，虛擬實境）指的是在數位世界所創造出3D的虛擬空間，使用頭戴顯示器讓使用者不會看到現實環境，完全沉浸在虛擬世界中，當使用者有所動作時，虛擬世界也會有相對應的回饋。

AR（Augmented Reality，擴增實境）是透過攝影機所拍攝的影像結合辨識技術，讓螢幕中的現實場景擴增出虛擬的物件並與之互動的技術，讓真實世界與虛擬同時並存，目前很多電玩遊戲都已經使用AR。

MR（Mixed Reality，混合實境）是把AR和VR融合，使用者以頭戴顯示器把現實環境再融合出虛擬的物件，強調現實與虛擬的混合。

XR（Extended Reality，延展實境）是指所有類似AR、VR、MR等任何把現實與虛擬融合的技術應用。

在元宇宙浪潮的推動下，VR相關的科技將會加速擴展影響我們感官的能力，比如創造觸覺和嗅覺，加深沉浸感。

與此同時，人類進入虛擬世界也會更便宜、更方便。目前VR的殺手級應用是遊戲，這個市場之所以快速發展，是因為消費者已經明白甚至習慣身臨其境的娛樂體驗。

在元宇宙時代，各種相關運用也將陸續打開更大的市場。特別是在經歷疫情之後，VR的運用已經成為生活和工作中的某種

必須，不管在視訊會議或是研發生產的過程中，人們永遠會渴望更直覺、更豐富、更生動逼真的體驗。

在元宇宙浪潮的推動下，VR已經創造出前所未有的快速發展，臉書、HTC等許多企業都推出相關的產品和服務，其中最被看好的方向是教育。一項相關的研究發現，和傳統教學方法相比，使用VR的訓練和學習成效都明顯的比較好，甚至是在醫學院裡，使用VR學習的學生成績都明顯比較好。

NFT

經營藝廊的朋友賣出了一件 NFT（Non-Fungible Token，非同質化代幣）藝術品，買主是個 30 多歲的幣圈玩家。

那玩家先用智慧型手機付了 60 萬元現金，再把這件 NFT 數位藝術品收進數位錢包裡，動作熟練的交易完成後就準備要走人。

「這件 NFT 還有一份電腦輸出的實體圖，要幫您送到府上嗎？」朋友問這位買家。

買家說不用了，因為那件實體畫是假的，真的 NFT 作品他已經收在網路上和手機裡。

聽朋友說完這故事，我忽然覺得那畫面很哲學。

到底什麼是虛擬，什麼是真實？NFT 明明是存在虛擬世界裡摸不到的數位藝術品，但是在這位收藏家眼中卻才是真品，而以 NFT 列印出來的實體物反而被視為仿品。

幾天後，又有朋友告訴我，他把收藏多年的郵票送給兒子，兒子竟然不想要，還說這年頭沒人在收藏實體物了。他兒子說，連 NBA 都已經推出了影音 NFT 球員卡，一張小皇帝詹姆士灌籃的 NFT 就賣到 1000 多萬台幣。

NFT之所以受到重視和追捧，是因為它讓虛擬的資產能被交易。一直以來，在數位世界裡，不管是文圖影音，所有的資產都可以被輕易複製，但是NFT卻可以透過區塊鏈加密科技來創造不可複製和篡改的數位資產，數位資產也因而變得獨一無二，自然有人願意買來收藏和交易。

因為具有這樣能把虛擬資產創造出真實價值的能力，NFT被視為是元宇宙最重要的認證系統。甚至有人認為NFT是元宇宙的通行證，打造出和過去完全不同的虛擬世界經驗，讓虛擬成為一種真實。

打個比方說，電玩遊戲問世很久了，有些玩家待在電玩世界裡的時間甚至比實體世界更久，電玩世界裡也可以打怪、交易虛擬寶物賺錢。但是大家只把打電玩當成娛樂，沒有人會把電玩世界當成實體世界的一部分。因為電玩世界的認證系統是被電玩廠商所控制，廠商可以隨時註銷或者封殺玩家（就像臉書可以自行把使用者停權），甚至只要電腦伺服器被破壞，一個虛擬世界就會馬上消失。

但是元宇宙的遊戲規則就如同真實的世界，每個人都享有同等的自由和權力，由許多不同的參與者以去中心化的方式運營，元宇宙不屬於某個公司，就像網際網路不屬於任何人，是大家共治共享的世界。

NFT的問世，等於補足元宇宙世界的最後一塊拼圖，讓元宇

宙終於能融入眞實世界，打通虛擬與眞實兩個世界，甚至讓兩個世界融合為一。因為NFT的唯一性和不可複製、不可拆分與不可替代等特點，可以運用在電玩遊戲、藝術品、收藏品、虛擬資產、音樂、影像和數字證書等領域做為身分標識，以區塊鏈為基礎，不需要任何中介第三者的媒合，就可自由交易。

更具體的說，今天的數位世界是被集中化控制的世界，我們在臉書、Google、亞馬遜這些平台的資料和資產其實都是被這些科技巨頭所掌握。但是在實體的世界裡，買到的所有物品大都是眞實完全的屬於我們，如同買到一棟房子不用擔心有一天忽然會被收回或消失。元宇宙就是必須能展現這樣的價值才能發展，而NFT則是賦予這樣價值的關鍵技術。要不然，網路和VR這些技術都已經發展超過半世紀，早就應該能建構出想像中的元宇宙世界。

在元宇宙時代，每個人都可以活在自己想活的世界裡，為自己在虛擬世界裡設計新的角色和身分。透過NFT的賦能，一個平凡的上班族也可能是元宇宙世界裡的超級英雄，而在元宇宙裡的身分和成就也可能回過頭來影響眞實的人生，眞實和虛擬的人生於是也混合建構出全新的生活和工作經驗。

因為有NFT，在元宇宙中所獲得的虛擬資金和資產都完全屬於我們自己，沒有任何第三方能搶走。也因為獲得實際的價值，人們將會願意持續花費時間和精力在元宇宙世界裡經營。這種眞

實的擁有感甚至讓電玩遊戲不只是遊戲，而成為真實人生的一部分，以虛擬的形式帶來真實的價值。

　　因為元宇宙是虛擬的，可以讓人類盡情的展現想像力，創造真實世界所沒有的真實，讓人悠遊其中，體驗這個完全由人自行所創造的宇宙。這也是為什麼元宇宙被稱為元宇宙，Metaverse這個英文字由Meta（超越）和verse（宇宙）組成，因為它真的可以超越現有的真實宇宙。

DAO

　　他在5個月前決定花10萬買一顆NFT，老婆聽了沒多說什麼，只請他再想想。因為在這之前，他已經花了幾百萬在虛擬貨幣的世界裡。

　　他想，多花個10萬就當成買個電腦顯示卡來挖礦，就把10萬元丟了出去。如今這枚NFT和過去零星的投資都有了不錯的回報，總值約600萬元。

　　他說，如果一切順利，靠著這些虛擬世界的投資，再過個一年他就能獲得財務自由。「到時我就出場，把所有的加密貨幣拿去買幾棟房子，退休收租過日子。」他說，虛擬的貨幣終究不如房地產來得踏實。

　　他說，高獲利也意味著高風險，同樣投資虛擬貨幣，也有不少人搞到傾家蕩產。但是到目前為止，這個市場全世界各國政府都無法可管，因為網路是個無國界的國度。

　　然後，他跟我聊起DAO，說這是未來的財富密碼，如同2020年全世界都在談DeFi（Decentralized Finance，去中心化金融），2021年全世界都在瘋NFT。現在全世界的虛擬貨幣玩家都在談DAO，這三個英文字連在一起讀成中文的「道」，很多人就抓這個諧音套了老子道德經的金句說：「DAO可道，非常DAO。」

DAO（Decentralized Autonomous Organization，去中心化自治組織）是 2016 年就開始出現在網路上的運作模式，打從 2009 年區塊鏈和比特幣問世之後，虛擬貨幣的世界對 DAO 的興趣越來越高，這是一種和目前世界主流組織完全不同的運作形態。

傳統的組織如政府或公司都是「中心化（Centralized）」的運作模式，把所有的資源集中管理和運用。但是 DAO 則強調社群共享共治，只要一群虛擬貨幣玩家談好一個共同目標，就可以馬上發起合作項目，參與項目的每一個人是投資人也是工作者，每個人根據自己在項目裡的貢獻分享所得的成果。

2021 年 11 月，DAO 來到史上的高光時刻，知名的拍賣公司蘇富比的拍賣會裡出現了印刷於 1787 年的第一版的美國憲法這項珍貴拍品。

知道這個消息之後，虛擬貨幣玩家立刻在區塊鏈上成立了「憲法道（Constitution DAO）」，以發行名為「PEOPLE」的加密貨幣的方式在一星期內向 30 多位網友募到了 4000 萬美元（約等於台幣 11 億）。最後卻意外的半路殺出神祕買家，以 4320 萬美元截胡，雖然這項任務失敗，但是已經寫下 DAO 的歷史紀錄。

更讓人吃驚的是，憲法道任務失敗後，主導社群決定參與的投資人可以選擇退回捐款，Constitution DAO 退還給用戶等值的以太幣（一個以太幣可以換 100 萬個 PEOPLE 代幣），或是把原有捐款投入 ConstitutionDAO 國庫，並獲得 Constitution DAO 新推出

的DAO治理代幣WTP（WeThePeople）。結果竟然沒有一個人選擇退款，而是把原來的投資換成WTP，這也讓WTP的身價一路飆漲。

簡單的說，DAO是一種不需要人來管理的組織。一群網民在區塊鏈共同發起了一個DAO的項目之後，所有的共識和協定都寫在智能合約裡由電腦自動執行，完全不需律師來處理。大家完全依這個合約來合作，由於每個人都是自願來參與，貢獻越多的人就獲利越多，一切公開、公正、公平。

有人甚至認為DAO會改變人類的商業世界，因為和傳統公司相比，DAO有許多的優勢。在DAO的世界裡，沒有階級和權力落差，所有決策由社群每個人共同決定。每個人自願勞動不需被管理，並且得到該得的報酬與利潤，更重要的是，DAO讓每個人在網路世界裡拿回最重要的自主權。

以目前全球科技巨頭為例，每一家公司都競相掠奪和濫用使用者的穩私，但是為了使用這些企業的服務和產品，每個人也只能默默的忍受這種剝削和宰制。在DAO的世界裡，使用者可以百分之百的擁有自己的穩私權，也可以自由的決定想到哪個平台過日子，就如同一個人可以決定移民到任何的國家，不受限制和拘束，這完全符合未來元宇宙世界的需求。

過去400年來，公司企業一直是商業社會的主要結構，持續創造富足和繁榮。但是公司制度也引發了許多困擾和社會問題，

造成了極度的財富不均甚至阻止了競爭和創新。而DAO則解決
了以上的所有問題，除了運作更具效率，鼓勵競爭，更讓公司追
求使命而不只是利潤。

Web3

　　我在東吳大學企管系開了一門「新經濟人文」課程,很多同學都說是對課程名字好奇才來選這門課。

　　這門課用人文的視角來談二十一世紀的知識體系,希望在商學院裡培育知識分子。古時候用「士、農、工、商」來排名各專業的社會地位,但是今天商業體系的影響力已經越來越大,商業勢力甚至主導干預了政治,川普當選美國總統之後,商業力量對於世界的影響越來越巨大。

　　這是人類歷史上從未出現過的劇情,過去所謂的「知識市場」指的是學院派圍牆裡的論文核心體系,現在和未來則是由維基和Google主宰的天下。更無情的是,歷經百年的奮鬥仍然無法進入傳統學術世界的商學理論,還沒有站隱腳步就被數位經濟鞭打得體無完膚。

　　200年的商業歷史,從社會學和經濟學汲取養分建構而成的商學世界正面對著兩大挑戰。對內必須整理出自己的思想體系,像是在「策略」、「創新」和「數位人文」這些主題中梳理思想脈絡和板塊;對外則讓商學院學生把視野跨到更寬廣的人文世界,以避免離開學校之後終身除了銅臭味之外一無所有。

　　然而驅動商業世界變革的,永遠是人,人文才是經濟的最根本。

就像今天網路世界會在歷經半世紀發展後走到「Web3.0（簡稱Web3）」的年代，也是因為人性所造就。1990年前後，網路產業草創時，是Web 1.0去中心化、開放協議的年代。但是走到今天，我們卻正在經歷Web 2.0，是集中化時代，大量的通信和商業發生在少數超級強大的公司擁有的封閉平台上。Google、Facebook、Amazon這些大平台品牌一手掌握了網路上最多的人流、資訊流和金流，所以Web3主張應該打破網路世界的壟斷和控制，把網路還給每一個人。

以太坊的共同創辦人Gavin Wood在2014年喊出了Web3的主張。如今，Web3已經成為討論元宇宙時最熱門的關鍵字，除了代表了互聯網的下一個階段，也被公認為是未來人類社會的主流形態。

Web3是以區塊鏈加密科技為核心的去中心化網路生態系統，在Web3上面構建的平台和應用程式由所有用戶共同擁有，這個平台不會有任何中心化的企業或政府組織來主導，一切資訊透明，每個人的穩私和個資安全也會得到最大的保障。而每個人的資源和權力也完全來自對於Web3世界的付出與貢獻（比如協助生產和管理工作），像是活在一個數位理想國裡。

從某個角度看來，現在這樣Web 2.0的年代，和網路出現之前的社會人文情境是很相似的。比如500年前，人們只與自己認識相信的人進行交易，並且依靠社會結構裡的專業單位（比如銀

行和法院）來信任對方。但是發展到後來，2000年代中期開始崛起的Google、Amazon、Facebook和Twitter這些平台成了控制網際網路的霸權，隨著時間的推移，這些公司實在積累了太多的權力，這對網路的發展和每個使用者都不是好事。

Web3主張每個人該從科技巨頭手中奪回自己該有的權力，在元宇宙的世界裡，沒有任何霸主能控制社群網絡、搜索引擎甚至整個市場。那是一個分散又去中心化的環境，建立在區塊鏈系統上，由所有用戶共同運營，不會被任何公司掌握。

知名歷史學家哈拉瑞在他所寫的《人類大歷史》這本書裡，其實也某種程度的預言人類社會走向Web3時代的必然。他認為，人類不是地球上最強勢的物種，不像鳥能飛，不像魚能潛水，跑得沒有馬快，也沒有老虎獅子的尖牙利爪，卻可以主宰地球。主要的原因，是因為人類是能夠彈性組成群體、進行大規模合作的物種。

而Web3開創出人類有史以來最理想的合作模式，讓每個人都擁有最大的自由，不受網路巨頭霸權的主宰控制，卻又能隨時共同合作又各取所需。這樣的畫面就有如史前的原始人集結成部落，共同合作農耕狩獵，之後共享成果。

天下大勢，分久必合，合久必分，科技始終來自人性，但科技也改變了人性，而人性最後還是回過頭來重新詮釋和創造科技。由Web3所主導的元宇宙時代，看來也是同樣的道理。

ARPANET

2000年的時候，我獲得國家獎學金的支持到矽谷考察研究，住在山景城（Mountain View），這裡也是Google起家厝的所在地，當時的Google還是個剛創業的小公司。

回想起來，那時候我可能和許多知名的創業家天天擦身而過，我們都坐在網路世界的水岸第一排，看到一個人類史上從沒出現過的數位文明正在形成。

各種食衣住行生活從馬路陸續被搬進網路世界，人們在網路世界生活的時間也越來越長。數位科技讓網路不斷的進化，大家不斷的想像網路經濟時代會是什麼樣的榮景，這樣的想像也一直延續到今天。

臉書創辦人祖克伯說，元宇宙就是網際網路的未來，也是下一代的網際網路，人類將會在Internet上活得更精彩，這句話也直接點明了元宇宙的來處和去處。我想他的意思是說，就好像人類使用電腦的歷史也經歷了好幾代，從最早DOS作業系統一直走到今天圖形作業系統，從鍵盤時代走到滑鼠時代，網際網路也將進化到元宇宙時代。

因為有了網際網路，所以才有元宇宙，所以有人也把元宇宙的世界稱之為「第三代網際網路」。第一代的網際網路大約從

1990年到2006年，人類使用電腦上網閱讀資料；第二代的網際網路大約從2007年到現在，人類用手機無線上網甚至通訊；即將到來的元宇宙時代，人類將在虛擬世界活著真實的人生，真實和虛擬的兩個世界將融合為一，建構出人類史上從沒有過的生活經驗。

所以，要說元宇宙的故事就得到網際網路的起源說起，要說網路的起源就不能不說ARPANET。

1968年，正值美國和蘇俄冷戰的最高峰，美國國防部的DARPA（Defense Advanced Research Projects Agency，國防高等研究計畫署）發展出ARPANET（Advanced Research Projects Agency Network，高等研究計畫署網路），目的是為了連接全國各地分散的電腦系統，確保網路一旦斷線時，資料還能經由別的國家繞道傳輸到達目的地。

冷戰結束後，ARPANET開放給民間使用，由美國的國家科學基金會管理，負責全球性的民間網路交流，也就演變成後來的Internet。

1990年，英國電腦科學家Tim Berners-Lee發展出運用圖形介面編輯器來進行「超文本傳輸協定（HyperText Transfer Protocol，HTTP）的瀏覽及編輯，於是催生了全世界第一個網頁。1993年2月，美國矽谷創業家Marc Andreessen發明出Mosaic瀏覽器讓人可以更方便快速的進入網路世界。同年9月份，美國

NCSA（國家超級電腦應用中心）發展出適合各種平台適用的 Mosaic 瀏覽器，1994 年至 1995 年間，國際化的 WWW 組織紛紛成立，當時舉辦的無論是區域性或是全球性的 WWW 聯盟會議，都為 Internet 的發展研擬出規範，形成國與國之間的交流，Internet 因而快速發展。

以上的劇情，會不會在元宇宙時代重演一次？從結構和過程來看，的確有些相似之處。

先是美國主導了理論與技術，發展出各項軟硬體運用之後再擴散到全世界，再由每個國家的網路建構成今天全球網路的規模。有了過去近半世紀發展網際網路的經驗，也才催生了今天的元宇宙，兩者看來有極相似的基因。

從 ARPANET 走到元宇宙，長達半世紀的旅行裡，網際網路世界歷經三個面向的三階段發展。

在**內容面向**上，從最早只能單向在網路上發布和閱讀內容，到後來透過平台交流內容，而元宇宙時代將讓內容的生產者和消費者直接溝通，不需經過任何中介機制。

在**載具面向**上，從最早用電腦上網，後來用手機無線上網，到 VR 眼鏡，看來只是一個起點，未來人類將會用更便利和直覺的方式進入元宇宙，滑鼠、手機和 VR 眼鏡都將消失。

在**功能面向**上，我們的生活和工作早就離不開網路，網路的

角色從配角成為主角，元宇宙的虛擬世界將會成為真實人生的一部分。

　　從過去網際網路發展經驗來想像，元宇宙的時代才剛開始，如同20年前沒有人猜得到今天的Internet會發展到這樣的榮景，除了創造出市值破兆的科技巨頭如蘋果和亞馬遜，也讓老字號的微軟找到第二春，幾度成為全球市場價值最高的企業。這人類商業史上從未出現的畫面，也很可能在元宇宙時代持續重演。

元宇宙從 A 到 Z

2000 年在讀了政大EMBA之後，同班同學們一直保持著聯絡，到今天大家仍然常常在Line群組裡聊天。

這一天，群組忽然出現了一則訊息，這訊息標示著我的名字。

「元宇宙的想法，仁麟在 20 年前的課堂上提出過，他真是位先知。」在外商科技大廠擔任副總裁的 Tim 提醒大家，說我當年曾經預言過人類會走向元宇宙，每個人都會活在兩個人生裡。而且，我們活在網路世界裡的時間會越來越長，虛擬的人生也將成為真實人生的一部分。

老實說，對於這些我說過的話早已不復記憶，經過 Tim 這樣一提醒，我開始回想 20 年前經歷過什麼樣的人生，怎麼會在那時候預言今天的元宇宙來臨？

那是網路創世紀的年代，我參與創辦「聯合新聞網（udn.com）」，也拿到國家獎學金去矽谷、紐約和東京考察研究網路新創事業。回到台灣之後，我對網路世界的未來有更多的想法，料想到有些事一定會發生，只是不確定發生的時間會多早或多晚。

資料是網路文明的磚瓦，1996 年 Yahoo 上線之後，我馬上意

識到搜尋引擎這件事背後意味著許多可能。當越來越多人在Yahoo上搜尋資料，就等於不斷把自己的隱私丟進後台的資料庫裡，你丟進去的資料越多，電腦就更了解你的需求，這件事後來被稱為「大數據（Big Data）」。

當電腦能處理越來越多資料，就會變得越來越聰明，甚至比發明電腦的人類更聰明。當千百萬台的電腦透過網路連線，把資料轉成資訊再轉成知識，就會建構出更強大的集體智慧，這件事後來被稱為「人工智慧（AI）」。

有了大數據和人工智慧之後，網路世界很自然會出現更多更好的服務和產品，於是造就了「雲端」。雲端平台具有天生的物種優勢，除了能保障資料的安全，也能更有效能的運算。

「大數據」、「人工智慧」和「雲端」，這些相應相生的發展的背後，也為人類在網路世界安居樂業的生活打造越來越好的環境，於是誕生了Yahoo、維基、蘋果、亞馬遜、Google、臉書這些品牌。這三大支柱造就網路文明的沃土，一步步打造出元宇宙。

當網路世界持續發展，走到元宇宙年代只是早晚的事，因為網路本來就是人類為了追求更多的可能與夢想而生。對於誰創造了地球和世界，種種說法莫衷一是，但是網路卻是一個完全由人類所打造的全新宇宙，這也是人類歷史上從沒有過的成就，也是從火力文明走到電力文明的最極致劇情了。

1970年左右，美國研發出「高等研究計畫署網路（ARPANET，Advanced Research Projects Agency Network）」，這個網路到今天一直被公認是全球網際網路的起源。ARPANET發展的同時，也同步激盪出「密碼龐克（Cypherpunk）」的思想和社群，這群數位世界的神祕客很明白網路世界的基礎是監控，所以主張網路的「去監控化」、「去中心化」，論述鋪墊出底盤。

去中心化成為過去50年來全球科技和人文的主旋律，深刻的影響了地球上的每一件事，從電腦軟硬體產業到政治經濟甚至文化思潮的流變，成為打造元宇宙的重要骨幹思想。人類的科技文明從三條路線分進合擊，歷經半個世紀的時間終於打開了元宇宙的大門，這三條軸線分別是：

「**網路軸線**」：元宇宙一致被認為是網路的未來。從1990年到2010年的「第一代網際網路」只能單向在網路上閱讀資料；從2010年到今天的「第二代網際網路」則讓網路的使用者和生產者融為一體，也造就了Google、臉書、蘋果和亞馬遜、阿里巴巴、騰訊……，這些掌控巨大資源的網路霸權。而未來的元宇宙時代，則被預言是網路霸權解體甚至消失的年代，除了面對反壟斷法帶來的四面楚歌，消費者對於自己穩私權的意識和自主性也直接衝擊了傳統網路經濟的利基，讓網路紅利直接回歸給所有參與和貢獻的每一個人。

「**介面軸線**」：電腦科技文明史其實也是使用介面演進史，

從桌機到筆電到手機時代，從桌面應用程式到網路雲端服務到APP甚至VR、AR和MR，每一階段介面的進化也意味著使用者找到更多的彈性和自由，也一步步建構出元宇宙世界大大小小的經驗。

「**人文軸線**」：網路經濟的出現和堀起改變了整個世界，不管政治、經濟和文化，世人透過數位和網路科技的發展不斷的尋找更新更好的答案和解方，於是有了數位政治、數位經濟、數位藝術與數位文明的誕生與發展，這一路累積而成的數位人文風土也為元宇宙時代創造屬於自己的文化、思想與靈魂。

整個故事的關鍵是區塊鏈科技，2008年金融海嘯把1990年代以來網路去中心化的主流思潮推上了風口，比特幣、以太幣以及成千上萬種虛擬貨幣從數位世界打穿了實體世界的金融秩序，再加上NFT的橫空出世，疫情的推波助瀾，元宇宙時代就這樣如海嘯鋪天蓋地而來。

再也回不去了。

3

Part

元宇宙的
商業模式

一萬種商業模式

2018年左右，NFT剛問世的時候，其實只有一種商業模式，就是保護數位世界資產的產權。

任何數位資產被NFT化之後，就能免於被造假，而且放在網上流通收藏都方便，放上千萬年都不怕受損（除非網路消失或地球毀滅），交易更是完全可以在網路裡完成。利用區塊鏈加密技術，讓各種數位作品擁有自己的身分證明，這些身分證明由上億台電腦主機共同監管，不怕被竄改。至少，根據電腦科學家的評估，在量子電腦出現之前，區塊鏈的加密技術沒有人能破解。

但是發展到今天，NFT看來可能將不只有一萬種商業模式，因為實體世界已經開始把手伸進NFT的最豐美可人的性感帶，不斷的用創意噴發出各種構跨虛實世界的應用。

NFT就像火，地球在4億年前就有火出現，從那時留下木炭化石到今天。考古學家證明人類在40萬年前就會用火，火也從單純的取暖、煮食用途外，創造許多文明，從蒸汽機到火力發電到遠紅外線甚至幅射能，火的各種運用更催生了許多新的科技。就如同人類的每一場科技革命，在引發想像力與創意越過臨界點之後，彼此交構孕育出更多匪夷所思的產品和服務。回頭看，網際網路才短短的30多年，創造出無數過去前所未見的發明，也是同樣的道理。

在歷經網際網路和物聯網的「萬物聯網」時代之後，人類正走向「萬物NFT」的新世界，這種虛實整合的情境是從來沒有過的局面。網際網路到今天還在談O2O（Online to Offline），但是NFT早就已經把這兩個世界整合，讓實體和虛擬兩種資產共同建構出全新的價值，也讓人類更深入的活在兩個世界裡。

特別是對於那些心愛珍貴的事物甚至時光與記憶，NFT賦予了新的擁有、收藏與流通方式，從限量版的球鞋到身價不凡的名酒和藝術品，只要被NFT之後，就等於在數位世界有了一個不會被仿製的靈魂。多年之後，這些數位靈魂的肉身腐朽之後還很可能身價飛漲，甚至不斷的被交易，這種商業模式在人類歷史上從沒有出現過，因為網際網路的文明也不過30多年。

早在2019年，Nike就推出了「CryptoKicks」專利技術，當消費者購買一雙CrpytoKicks運動鞋，就可以用球鞋上的10位數的數位標籤與數位識別碼連結，在網路世界燒成一顆獨一無二的NFT，這顆NFT也代表買家對這雙球鞋的虛實資產擁有權。當球鞋轉售，球鞋的NFT也會同時轉移到新買家名下，這些NFT將會儲存在一款名叫數位鞋櫃Digital Locker的程式，就好像加密貨幣錢包一樣。

這樣的作法為原本由來以久的球鞋炒做市場帶來新能量，讓更多收藏家願意投入這個市場，也帶動更多運動品牌跟進，並且開發出更多有趣的運用。在網路世界裡的球鞋靈魂甚至可以彼

此互動，如果情投意合還可以結為伴侶生出下一代。這些有趣的點子也被更多別的領域產品引用，甚至激發出更多新的創意，從名酒、藝術品到各種食衣住行用品都競相NFT化，NFT這三個字已經成為某種意義上的動詞。

如同人類學家李維史陀的名言：「一個有智慧的人，應該是提出正確問題的人，而不只是一個提出正確答案的人。」這位生於1908年的傑出學者顯然也為NFT的未來早早做了預言。他的研究發現，人類這種動物在解決問題的時候有兩種不同的作法，一種是「策劃式」（engineering），另一種則稱為「隨創式」（bricolage）。所謂「策劃式」的作法，是先尋找某個特定工具，比如要在牆上釘釘子，就會先去買一把槌頭，如果買不到槌頭，這事就解決不了。但是問題總是要解決，所以就逼出了「隨創式」的作法，用手邊的工具和資源，不斷實驗、測試，即使身邊只有一塊石頭或磚塊、罐頭、高跟鞋或大型手電筒，都能就地取材，把釘子成功釘進牆面。

今天面對NFT也是一樣的情境，如同人類剛開始發現火和電的時候，其實沒有人知道該怎麼用。但在不斷的思考與嘗試之後，在錯誤中不斷的失敗與學習，人類終於知道如何善用自己擁有的資源並發揮其更好的用途。如此，不斷的解決問題，讓生活過得更好，是千百年來不斷重覆的劇情，也將成為NFT的未來風景。

未來NFT的商業模式，看來將不只一萬種。

萬物皆可 NFT 的元宇宙時代

他怎麼也想不到，老婆會在結婚10周年前夕和他提離婚。過去10年，一直努力扮演好老公、好老爸與好老闆的角色，也自以為人生很美滿。

他本來準備給老婆一個驚喜，買個她最愛的愛瑪仕包包當禮物，打算在結婚紀念日那一天送給她。現在，這個錢不用花了，反而給他新的靈感，去尋找下一段愛情。

本來打算買愛瑪仕包的幾十萬不算小數目，他不想花在風月聲色場所去換虛情假意，只想找個聊得來又看得順眼的女人幫他療癒情傷。帶著一顆破碎和渴望被撫慰的心，他逛了幾個直播平台，選定幾位看來OK的直播主，每天定時上網和這些女人談心。

他像是在經營生意一樣幫自己設定KPI，用盡各種招式把看上眼的直播主約出來，逛街、吃飯、談心，做該做的事。

這在直播世界的江湖裡其實是難度很高的事，特別是紅牌直播主有很多人追求。要讓這些女人點頭現身甚至交往，要花時間花心思更要花錢。比如直播主需要補業績的時候要能雪中送炭打賞，遇到和其他追求者競爭的時候，更是一出手就是5萬、10萬的讓對方知難而退。

聽他說這些故事，忽然覺得，他其實已經活在虛實融合的「準元宇宙」裡，距離傳說中的「元宇宙（Metaverse）」已經不遠。

2021年7月28日，臉書營收成長創下5年來的新高峰，創辦人祖克伯（Mark Zuckerberg）公開宣布，將成立一個團隊發展元宇宙的開發與應用。「如果我們做得夠好，5年後，我們將從一家社群媒體公司，變成一家元宇宙公司，這是科技產業下一個章節中非常重要的一環。」祖克伯說，元宇宙將會整合網路世界所有的科技，創造人類歷史上前所未有的數位文明。

元宇宙的英文是Metaverse，由「Meta」和字根「Verse」組成，意思就是「宇宙之外的宇宙」。這個稱號概念源於科幻小說，描繪未來人類將會同時活在兩個世界，在現實世界之外，還會以「虛擬化身（Avatar）」活在數位世界裡，這兩個世界也將相互影響。比如在數位世界所賺到的錢，也可以轉進真實的世界來用，這樣的情況其實已經在今天發生，許多電玩玩家在網路世界裡，有人一擲千金，也有人獲利可觀。

全世界最重要的科技公司都全力投入元宇宙生意，除了臉書，微軟、NVIDIA、騰訊、愛奇藝……，各家軟硬體公司都磨刀霍霍。在這樣的時刻，NFT（非同質代幣）很自然被看好是元宇宙世界的憲法制定者，利用區塊鏈技術來加密元宇宙裡的所有人事物，不可複製又不可分割而且又不用受任何企業或政府的監管，相關的應用也早就陸續出現。

2021年3月，被公認是「元宇宙概念第一股」的Roblox公司在紐約證交所上市，發行首日股價馬上大漲54%，員工才約1000人的公司，竟然市值超過400億美元。這家成立於2004年的公司本來只開發電玩遊戲，轉型成平台公司之後，通過遊戲將全世界連接在一起，讓任何人都能探索全球社區開發者建立的數千萬個沉浸式3D游戲。2021年8月，菲律賓財政部表示，將針對知名NFT電玩業者Axie Infinity公司這樣Play-to-Earn（邊玩邊賺）遊戲中獲得的收入的玩家徵收所得稅，Axie Infinity也馬上公開表示樂意配合。

有了NFT當成元宇宙遊戲規則的骨幹，再加上5G、AI（人工智慧）、AR（擴增實境）與VR（虛擬實境）等各項技術的持續發展，疫情更成為把人類推向元宇宙的重要推手，讓人與人的接觸從實體大量轉向虛擬。在越來越孤立的年代，也讓人更渴望在虛擬世界互動連結，這些波瀾不斷推移擴大，也讓元宇宙變得越來越真實。

「在網路上，沒有人知道你是一條狗。」這句在網際網路崛起時代的名言，顯然更適合用來想像未來元宇宙的模樣。NFT也將為這個新世界發展出無數的商業模式，從金錢到土地，從身分證到藝術品，從食衣住行到黑夜白天，萬事萬物皆可NFT。

試著想像，未來躲在NFT和元宇宙世界背後的每個人，可能彼此都不知道對方的年齡和性別，所有的能力和價值都由虛擬

世界的產出和結果來決定。這樣的時代，老人可以扮演年輕人，弱者可以扮演強者，每個人甚至不知道對方是活人還是數位機器人，世間所有的遊戲規則都將改寫。

面對即將到來的元宇宙，我們到底該感到憂心還是歡喜？

元宇宙時代的出版業

很久很久以前，出版社是幸福產業。在那個沒有網路的時代，讀書是社會主流的充實新知途徑和休閒活動。

所以出什麼書都能大賣，印書就像在印鈔票。但是今天，出版業一年不如一年，過去一本書能賣十萬本以上才能算暢銷書，今天只要能賣超過一萬本就能登上排行榜前幾名。

他是這家出版社的董事長，常常笑著說自己是「四庫全書」，因為倉庫裡都是書。在會計報表上，這些書當然都被列為資產，但是實質上卻比較像負債，因為書越來越難賣。

我問他公司這麼多年來出過多少本書？他大約算了一下，說至少一萬本，即使現在市場不景氣，每年仍然會出四百本書，平均每天至少一本。他說出版社的本業還是賣書，即使多年來大家一直在談轉型，最重要的營收來源還是賣書，各家出版社仍然一直努力出新書。在賣書的同時也在賣作家，甚至扮演作家經紀人的角色。

可以想見，台灣各出版社倉庫裡的書只會越來越多。因為這個行業不像科技代工業可以接單再生產，每出一本書都需要先印出一定數量，這樣的生意型態從過去到現在一直沒有改變。即使電子書的銷售數量逐年成長，卻仍然還沒辦法創造足夠的銷

售量和利潤。

換個角度來思考，如果出版社改變原來的經營模式，不再拼命出新書，而是回過頭來重新包裝和行銷過去的暢銷書，會不會是個好生意？這些書在當時都是社會的集體記憶，也擁有眾多的讀者和粉絲，利用科技的力量能不能創造出新的商機？

2021年8月，漫威（Marvel）推出了一系列的三個NFT產品，這三個NFT都取材自過去發行過的經典漫畫，有雷神索爾、驚奇四超人以及漫威雜誌的創刊號。

三種NFT各自擁有五個版本，發行數量越少的版本售價越高。

第一個NFT是1939年出版《漫威漫畫》創刊號，發行數量是六萬枚，其他則分別為經典封面48000枚、復古封面6000枚、英雄封面3000枚、汎合金封面2400枚、真實信仰者封面600枚。漫威並同時宣布開放這些NFT的二手交易，每次交易除了給發行平台2.5%手續，漫威還會再加收6%的授權費用。

事實上，漫威在這波漫畫NFT之前，已經發行了蜘蛛人系列的NFT，在短短24小時內共發售了六萬個「數位公仔」。漫威並宣布，接下來也會發售鋼鐵人和金剛狼的NFT。

這顯然是過去沒有過的商業模式，對漫威的發展也勢必帶來重大的助力，除了可以把倉庫裡的老智慧資產轉化成新的

NFT，這些NFT的每一次轉手都可以為漫威帶來獲利。

有人好奇，這些漫威NFT到底有什麼價值？事實上，擁有這些NFT也意味著擁有了獨一無二的加密數位資產。擁有這些NFT，除了可以與同好交流，也可以如同古董或藝術品資產用來交易或變現。比如擁有一件漫威NFT，它雖然可以被展示無數次，也可以被無數人複製，但只有一個人是它的實際擁有者，所以被展示和複製的次數越多，這件作品反而更有價值。這和傳統的收藏市場是完全不同的概念，在過去的收藏家最痛恨的是自己的收藏被曝光和被複製。

從漫威的經驗來發想和比照，結合NFT也能為出版社找到過去沒有過的新商業模式，比如：

一、新瓶裝舊酒：一直以來，對於過去經典的暢銷書，出版社總會在再版時換新封面，這樣除了可以製造些話題再行銷，也可以讓這本書的鐵粉有再買一本的理由。如果能以NFT來發行限量的新封面，就可以創造這本書的新價值，讓出版品進入藝術收藏市場。

二、聯名行銷：新書出版的時候，找名人或企業合作發行NFT，結合雙方資源來共同行銷，也可以為彼此創造新價值。這樣做等於把書的定位從出版品延伸進媒體產業。

三、空投彩蛋：新書出版時配合同步出版NFT版本，如同發

行一張專屬於這本書的VIP卡，作者可持續發送新內容給這些NFT，如同經營這本書的讀者俱樂部，甚至讓讀者來參與這本書的發展，並催生下一本書。

事實證明，不管時代再怎麼改變，商業世界裡永遠只有夕陽公司沒有夕陽產業，老產業永遠可以走出新局面，更何況是在這個NFT百花齊放的年代。

名酒菁英黑卡會

劉鉅堂是許多葡萄酒老師的老師，也是許多葡萄酒玩家的啟蒙人。我們在1990年左右認識，一起喝葡萄酒吃喝玩樂到今天。

大約6年前，我和他開始合作「開瓶天國」，在每次的聚會裡，兩人都以「葡萄酒一開，天國自然來」的口號開場，追求「上半身向上提升，下半身享受人生」的理想，這也是開瓶天國的建國方針，和參與的朋友分享好書好酒和好菜，建構共同的理想國度。

「開瓶天國」這個名字是我取的，創辦的時候也有一些未來的想像。我們在台灣還沒有什麼人知道什麼是葡萄酒的年代就開始推廣，30多年來所參加過的餐酒會都長得差不多，無非就是一群人聚在一起喝酒吃飯聊天然後解散，而這樣的餐酒會也大部分都由酒商主導，說穿了就是為了賣酒。為了賣酒，當然會老王賣酒自賣自誇說自己的酒有多好。

但是對消費者來說，重要的是買到物超所值的好酒，而什麼是好酒也不該是酒商說了算。於是就有 Robert Parker 這樣的酒評家出現，他本來是位只喝可口可樂的美國律師，後來愛上葡萄酒並成為全世界最知名也最有影響力的酒評家。媒體甚至稱他為「葡萄酒教皇」，說只要被他說讚的酒一定不夠賣，只要他說爛的酒就賣不掉。

我是個迷信集體智慧的人，總認為臭皮匠集合起來的智慧往往能勝過一個諸葛亮。酒好不好，應該由消費者來說，不該由一個人的主觀來決定。所以開瓶天國就是想建構一個由消費者來共同建構的酒評機制，如果一瓶酒在台灣被一萬個人喝過，讓每個人為這評酒打分數，這件事看來是公益，也是好生意。

如今，6年過去，我和劉鉅堂還是繼續合作，期待早日實現開瓶天國的建國理想。而NFT出現了之後，我對開瓶天國有了更多的靈感，全世界葡萄酒產業也在這時候開始興奮起來，不斷用NFT發展出有趣的商業模式。

由NFT玩家創辦的「無聊葡萄酒公司（The Bored Wine Company）」把可以喝的葡萄酒與虛擬的NFT葡萄酒結合在一起，讓NFT收藏家能在平台上設計自己的NFT葡萄酒（一次6瓶）。這些葡萄酒在放上網路拍賣之前，設計人有48個小時優先認購，並且享有根據這些NFT來生產真實葡萄酒的權利，這些真實葡萄酒和NFT虛擬葡萄酒都會被放進酒窖裡被妥善保管，等待被拍賣後轉手。如果想把真實的酒領出來喝，無聊葡萄酒公司也可以馬上出貨，不管您在地球上的任何角落。

另外，法國知名的金鐘酒莊（Chateau Angelus）合作推出NFT來拍賣，把酒莊的教堂屋頂吊鐘為原型做成20秒的3D數位藝術品，同時收錄酒莊教堂的實際報時鐘聲，讓收藏家在品酒時同時享受視覺和聽覺。有趣的是，這個拍賣的說明是，拍得

NFT的買家同時可以獲贈一桶2020年的金鐘酒莊葡萄酒，2020年是波爾多連續第三年收穫優質葡萄酒的好年分，同時獲得多位知名酒評家和專業媒體評定幾乎滿分的高評價。

長久以來，在華人世界，葡萄酒一直被定位成菁英在餐桌上的共同語言，如果能運用美國運通卡發行「黑卡（American Express Centurion Card）」的經驗，再運用NFT技術來建構高端社群，這樣社群的含金量和影響力將會非常可觀。

地球上有70億人，只有10萬人擁有黑卡，你必須要非常非常非常有錢，銀行才會挑中你，並發送專屬的邀請函，有邀請函的客戶才能註冊申辦黑卡。持有黑卡的人基本上都有5億台幣以上的身家，而且每年還必須維持25萬元美元以上的消費才能繼續擁有黑卡，換算下來，等於必須每年至少買100台蘋果電腦或是250雙的LV高跟鞋。黑卡的年費也不低，16萬元台幣。

如果能結合葡萄酒的高端人口和NFT科技，打造「名酒菁英黑卡會」社群，這樣的社群同時有強大的消費力和影響力，自然能在葡萄酒產業建立不容忽視的話語權。從這些人出發來同步收藏名酒和NFT，就能為二級市場之後的轉手打下基礎，並且向全世界展現台灣的葡萄酒能量。

如同6年前創辦開瓶天國的理想，以連結菁英的方式來建構台灣面向世界的發言權，從某個角度看來，也像是為台灣宣揚國家品牌的生活風格外交。

醫療

我一直深信，台灣如果要成為更好的社會，一定要持續推動「三意」來解決和改善各種問題，也就是用「創意」來同步推動「公益」和「生意」。

過去十幾年來，我一直努力推動三意論述。常常有朋友問我，我所推動的三意和ESG與CSR這些以企業社會責任出發的制度有什麼不同？

過去主流的企業社會責任制度以企業利益為中心來思考，要求企業提撥獲利來回饋社會，而三意理念則在以社會利益為中心，強調以創意和公眾利益為核心來經營事業獲利。如果社會中每個企業都用這樣的三意思維來經營，就不會污染和破壞自然和人文環境，也能創造更高的附加價值。

為了進一步推動三意理念，我邀請了30多位產官學界的朋友共同組成了「三意會」。三意會的成員裡有銀行家、上市公司董事長、立法委員和衛福部長，每個人都有自己的專業，也共同推動三意理念。第一次的聚會，我們討論的主題是台灣醫療體系所面對的危機。

那是2017年的冬天，距離1995年台灣開始實施全民健保23年，我們發現，台灣人並沒有活得更健康，甚至醫療體系也更

不健康，而且面對著三大危機：

　　一、健保制度危機：該如何讓民眾以正確觀念使用健保，該
如何調整健保制度以避免資源的浪費？

　　二、醫療體系危機：該如何搶救崩壞中的醫療體系，讓各級
醫院健全發展？

　　三、醫療產業危機：該如何讓台灣的醫療產業成長茁壯，不
再讓台灣淪為外國藥廠的殖民地？

　　大家在三意人的聚會中熱烈討論這些問題，也更明白台灣醫
療體系需要找到軸心翻轉的解決之道。

　　SINSO定位自己是一個「去中心化醫療加建構NFT基礎設
施」的公司。這家中國新創團隊成立於2020年10月，目前已經
服務超過500家醫療機構及8萬多名醫生。

　　SINSO強調自己提供的是去中心化的醫療設施架構，讓醫療
過程更透明化。病人可以掌握自己的病歷和相關醫療資料，只要
燒成一個NFT加密檔案放上雲端，就不必像過去被醫院和醫生
所綁架。醫生也可以跨醫院看病，讓病人在求診時有更多更好
的選擇。一直以來，醫院體系和病人之間的權力相當的不對等，
病人付出高額的費用，卻沒辦法擁有該有的權利。如今，透過
NFT的運用，這些問題可望一一被解決。

SINSO 認為，只有建立全球性的醫療資料系統，讓患者掌握自己的資料才合理，所以要提供徹底安全的資訊環境並利用加密演算法來確保。讓醫療資料不被醫院或科技公司掌握，而是被一個開放系統掌握，而且鑰匙是放在患者手裡自己保管，這才是未來醫療體系該發展的方向。

　　美國是全世界醫療產業的縮影，從1975年到今天，美國醫療產業的每人每年平均消費額度從550美元增加到11000美元。醫療產業在GDP（國民生產總額）的占比從8%到18%，就診時間卻從初診60分鐘變成12分鐘，複診從30分鐘變7分鐘。醫療費用不斷的增加，患者和醫生的溝通時間越來越少。

　　透過NFT的運用，可以創造新的商業模式來同步為病人和醫生解套，同時，以去中心化的加密科技，讓所有的醫療資源也去中心化，不再只受醫院的控制，大家都拿回自己的自主權，這樣的趨勢將會越來越受到歡迎。

　　有人認為，透過NFT，人類將會進入一個前所未有的「醫療元宇宙」時代。在過去幾千年的文明裡，醫生和患者之間一直沒辦法正常溝通，醫生總是強勢霸道，病人也沒有辦法擁有自己應有的權益。一直到上個世紀50年代末期醫病關係才開始民主化，患者也越來越強調自主性，未來的社會會更加的數位化，數據資料就代表著權力，也會完全改變醫病關係。

　　因為資料的開放透明，患者可以自己去找更多資料，在治療

過程中有更多的參與。現在的醫院裡的電子病歷仍然是託管制，病人的資料雖然存在醫院裡，本來就該屬於病人，可是國家卻要求在醫院裡面託管，這對病人、醫生和醫院其實都是負擔。

可預見的，未來全世界的醫療環境將大幅改變，除了因為像NFT這樣的科技不斷進步，也是人性需求所造成的必然。

虛擬的 AV 女友和眞愛

在飯局裡認識了一位朋友，小平頭、白襯衫，身形精壯，看起來像個事業有成的企業家。兩人把酒言歡，聊得意猶未盡，相約找天到他公司聚聚。

我依約定的時間走進手機裡的那個地址，發現他的生意很特別，竟然能把情趣用品店經營成時尙產業。

走在100多坪的店面裡，我常常不知道該把眼睛往什麼地方看。這裡是全亞洲最大的情趣用品店，每個角落都擺滿包裝精美的性玩具。

「買個女朋友回家吧！」他拍拍那個幾可亂眞的矽膠辣妹屁股，我好心疼，眞想幫她贖身救她出火坑。

「您眞有眼光，這是全世界最高級的矽膠美女，日本原裝，30萬。」他終於不再拍她屁股，改拍我肩膀。

30萬對我不是問題，問題是我沒有30萬，只好謝謝他的好意。

我總算明白，為什麼有那麼多宅男不交女朋友了。買一個矽膠女朋友回家，不需要付薪水和勞健保，不用滿足她任何的要求，她卻可以滿足男人的任何要求。

那位朋友告訴我，情趣產業和食衣住行產業一樣，都是滿足人類最基本慾望的服務。而且一旦性慾這種需求在地球上消失了，人類就會滅亡。

聽他這樣一說，我立刻對AV女優這個行業充滿敬意，也明白原來她們都是捍衛國安的女英雄。這些美女們用肉身證道，增進男人的性趣，創造宇宙繼起之生命。

有了NFT之後，AV女優的服務也更多元而精彩，透過區塊鏈加密科技，把滿滿的性愛化為不可複製又不可分割的服務和商品，在網路的世界裡普渡眾生。像以下這些女神級的AV女優都走進了NFT的世界，讓NFT世界更有聲有色，像是：

三上悠亞：

日本國民AV女星三上悠亞出道6周年，在IG社群擁有300多萬的粉絲，影響力遠超越不少一線藝人。今年在28歲生日（8月16日）當天，她在YouTube頻道上傳影片，以中、英、日文三種語言字幕宣布自己將發行NFT。在這之前的5月，她也宣布了和TOKAU公司合作的NFT作品，TOKAU是個NFT遊戲項目，但除了遊戲領域之外近期也大舉進攻偶像市場，在推特官方帳號介紹自己是「A NFT GAME FOR YOU AND IDOLS」，除了三上悠亞之外還有其他多名合作的AV女優與美國藝術家。

上原亞衣：

「最近我收到很多NFT的請求，所以我和一個設計師朋友一起創作了一個原創作品，在這個作品中我投入了很多的愛。把這個作品刻在區塊鏈上，感覺很不可思議。」2021年3月的時候，上原亞衣在網路上丟出這些話語，也成為日本AV女星在區塊鏈的先驅。

2021年3月，已經退役的日本AV女優上原亞衣在推特宣布和朋友一起發表了NFT作品「Ai HODL Bitcoin」，在Rarible平台開賣。拍賣的NFT共有三款，各款都只有一枚，分別名為：Splash（飛濺）、Mosaic（鑲嵌）以及Love（愛），並且都有作品說明：「我相信比特幣的崛起和美好的未來，我在區塊鏈上刻下了我永恒的精神和愛，祝福這幅作品的主人好運。」最後，三件作品合共以170萬元台幣賣出，上原亞衣還能從往後每一筆轉賣交易中獲得10%的版稅收益。

蒼井空：

日本AV女神蒼井空是多才多藝的藝術家，從小就參與書法創作，她認為NFT是一個「超越國界的挑戰」，2021年7月，她在幣安NFT平台發售自己的第一枚NFT創作「空sola」，全球限量一枚。

蒼井空用她的整個身體在一塊大畫布上投射出並繪製成作

品，蒼井空說，這些加密貨幣造成龐大電力消耗，而被認為是一種社會問題，所以她的NFT「採用了不消耗大量電力的區塊鏈，並努力關心環境問題」。她同時也聲明，這個作品也是希望能提醒大眾正視網路上長久以來的A片盜版問題。

在這些AV女優推出NFT之後，相信會有更多情趣市場的產品前仆後繼的跟進，吹氣娃娃、按摩棒、飛機杯該也都會開始NFT了。

如果從產業的痛點和需求來思考，NFT將能發展出許多有趣的商業模式，比如往後AV女優的收入將可以來自二級轉手市場，把自己的影片當成藝術品來轉賣。甚至把母片燒成NFT送進拍賣市場，至於那些火山孝子級的鐵粉更會希望用NFT來強調自己的忠誠度，比如花大錢來擁有特權和AV女友見面喝咖啡甚至談心、共度良宵。

宗教

這一天，風和日麗萬里無雲，和朋友到他所任教的大學走走，一路聽他介紹這所位於宜蘭的佛教大學故事。

印象最深刻的，是那面「百萬人興學牆」。

20多年前，為了創辦這所大學，教派領導人請信徒每人一個月捐100元來贊助，也得到百萬人的響應。學校建成之後，這些捐款人的名字也被刻在牆上誌謝，整面牆的長度超過一公里，非常壯觀。

那面牆也讓我感受到宗教的力量。人性本善，只要提出的是能助人積德的訴求，不管是哪個宗教都應能受到信眾的支持。每個宗教組織也幾乎都是這樣的開始，一個人帶著一個信念，一路走下去，於是吸引一群人跟隨，沒有任何威脅利誘，卻能擁有人山人海的信眾。

從某個角度看來，宗教也是競爭激烈的產業，背後要努力的功課和企業並沒有太大的不同。要發展組織，要品牌行銷，要尋找資源，企業裡的「生產、行銷、人資、研發、財務」，這些管理工作更是一樣都不能少。

台灣是全世界宗教信仰最多元的地區之一，根據美國知名研究機構皮尤研究中心（Pew Research Center）的研究指出，台灣擁

有的宗教類別排名全球第二，僅次於新加坡。內政部統計資料指出，台灣的寺廟總數為12305間，教堂總數為2839間，即使每天去參拜一家，連續拜40年都拜不完。

到了後網路時代，宗教的發展也擁有了更大的舞台。把信徒轉成會員，利用數位科技來傳教甚至收香油錢，各種業務所需的科技已經相當成熟。

有了NFT之後，更可以把宗教在數位世界更深度經營，也把過去各項業務延伸擴大與整合。NFT利用區塊鏈的加密技術為數位世界的資產加值，創造獨特性，又不可修改和仿造，於是開始出現了以下這些NFT在宗教上的運用：

加密平安符：2021年8月，泰國的Crypto Amulets公司推出「加密平安符」產品，把平安符鑄成NFT再請佛法大師加持。長久以來，泰國人一直喜歡收集受尊敬的僧侶祝福的平安符，甚至有專門流通這些幸運物的市場，有些經過高僧加持的平安符的身價甚至可以上漲到數千美元。

Crypto Amulets公司表示，希望結合NFT把泰國的平安符文化介紹給外國人和全世界。所以請來Luang Pu Heng大師主持儀式，同步為NFT護身符和實體符身符加持，這些護身符上面都印有這位大師的頭像。大師95歲，他所加持的NFT護身符總共發行了八千枚。

區塊鏈宗教： 2021年5月，區塊鏈創業家 Matt Liston 宣布自己創辦了人類有史以來第一個「區塊鏈宗教」，他把這個宗教命名為「零歐米茄（0xΩ）」，並且說明這個宗教的特色。

「這是一個宗教的平台，讓信仰更快更廣的傳播，以民主化機制建構宗教和信徒之間的關係。」Matt Liston 解釋自己創立這個宗教的基本思維是，以區塊鏈去中心化的特性，打破傳統宗教的中心化運作模式，由信徒共治共同經營這個宗教。每個人都享有發言權，甚至可以共同討論修改宗教文本，他同時也提出了這個宗教的第一個文本「火焰紙」。他認為，當人們知道自己捐給宗教的每一毛錢的流向時，信徒會更慷慨地捐贈，一切公開透明也正是他創辦的宗教最大的特質。

一直以來，世界上各宗教的發展一直圍繞在三個重點工作上：

一、組織工作：擴大信眾人數，並且加強信眾信眾之間的連結，讓信眾找到更多信眾。

二、傳教工作：凝聚信眾最好的方式，就是把傳教工作做好，透過各種管道有效快速的傳達各種訊息。

三、資源工作：組織和傳教工作都需要人力物力，尋找和募集各種資源才能打好根基。

NFT 剛好具備了同時運作以上這些工作的特性，可以三位一體的具有以下三種功能：

一、信徒證：如同會員卡，每一張NFT都是專屬個人且獨一無二，對宗教而言是組織管理的利器。

二、平安符：把平安符個人化，經過客製化加值之後，也能成為信徒和宗教之間的專屬溝通媒介。

三、光明燈：以訂閱制方式讓信徒定期定額捐獻，為宗教發展持續帶來活水。

以上這些功能都可以在鑄造NFT時寫進智能合約裡，依時間進程自動執行。可以想見，宗教走入網路數位世界之後，將會發展得更多元而精彩。歷經過去40年的發展，社群和電商都已經為宗教的未來準備好強大的能量。

社群

　　我有位朋友從小就是學霸，出身台灣五大家族，但是父親卻希望他大學能去讀醫學院。

　　父親希望他學醫的原因，竟然是家族裡沒人當過醫師。而且，他家實在太有錢，有錢到不需要做任何事，只管盡情行善天下就好。

　　有一天，某位政府官員來拜訪他爸，希望他家能捐塊地蓋學校。他爸聽了就馬上簽字捐地，同時還問那官員一塊地夠不夠？不夠的話他還可以再捐一塊，反正他們家什麼都沒有就是土地很多。

　　這位好友最後還是沒有去學醫，反而成了國際知名的投資家，參與的都是美元億來億去的投資案。他說，之所以選擇金融投資這個行業，完全是受了父親的影響，但是他父親可能不知道是怎麼一回事。

　　朋友說，很久很久前的某一天，他還在讀小學的時候，和父親坐在客廳的落地窗前聊天。看著窗外的大雨，他問父親，什麼是全世界最好的工作？

　　「世界上最好的工作，就是不需要工作的工作。」他父親笑著說，就像在雨天的時候，很多人還是要很辛苦的工作，他們

卻可以坐在家裡看雨聊天，即使睡大覺的時候也能賺大錢。

這位朋友當時就在心裡立定志向，要成為一位靠錢賺錢的投資家。之後，他讀名校，也進國際一流金融企業歷練，又自己創業成功，很順利的完成了當年的夢想。

有一天，這位朋友要我幫他成立一個菁英社群並擔任祕書長，同時教我如何經營這樣的社群。這個社群由來自產官學界的頂尖朋友組成，大家定期聚餐聽演講，邀請到的講者包括副總統和各部會首長。

社群剛成立的時候，我很好奇這樣40多人的菁英組合能經營多久？每個人都是又忙又難請得動的頭面人物，怎麼會願意來參與聚會活動？

結果，這個社群一直順利經營到今天，轉眼就是7年。回想起來，完全是因為那位好友教我的那三招「菁英社群經營祕技」，至於是哪三招？這留到最後再說，先來看看以下幾個NFT上知名的社群經營故事。

無聊猿遊艇俱樂部：簡稱BAYC（Bored Ape Yacht Club），知名的NFT收藏家社群，從2021年3月創辦，半年內人數就已經超過5000人，成員包括黃立成、余文樂、柯震東等藝人。BAYC只流通一種猿猴頭像的NFT，這種頭像根據不同的喜好設計，擁有不同的毛色和服飾道具和造型，讓收藏家根據自己的喜好選

購。這個社群也是目前公認經營得最成功的NFT藏家社群之一，在上線兩小時內就創造了280萬美元的產值。之後，在二級市場的經營成績更是驚人，除了每分鐘都有人在交易自己的猿NFT，平均每個NFT一個月的行情漲幅是9倍，也就是上個月用1萬元買的猿，這個月就能賣9萬。

胖企鵝俱樂部：2021年的8月，「胖企鵝（Pudgy Penguins）」的NFT一發行就在24小時內創造了1100萬美元的驚人業績。胖企鵝總共有8888隻，每隻都長得不一樣，這些長相都是用電腦隨機運算而生成，其中一隻看來最樸實無華的綠色背景企鵝竟然要價300萬美元。這個俱樂部一上線就引發媒體關注，紐約時報還做了專題報導。

迷戀貓俱樂部：2017年11月，「迷戀貓（CryptoKitties）」社群正式上線，這些養在區塊鏈上的貓目前已經在全世界超過100萬隻，每一隻也都長得不一樣，這些NFT貓還可以在主人的允許（或要求下）去談戀愛、交往和交配，然後生出下一代。有收藏家還一口氣養了3萬隻貓，賺得油洗洗的。

以上這三個俱樂部只是眾多NFT俱樂部裡的冰山一角，未來一定會出現更多驚人的後進者，人是喜歡群居的動物，也是經濟動物，更是不滿現實的動物。要經營好NFT社群的原理，其實和經營菁英社群的道理一模一樣。

就像當年那位要我幫忙成立和經營社群的朋友，他只教我做

好三件事：

一、收會費（建立門檻和參與感）。

二、保護品牌（慎選名人會員）。

三、強化向心力（規劃別人辦不出來的活動）。

這些經驗也讓我更明白NFT社群的成功之道。

一個NFT社群如果能做到「投資有利可圖」、「與名人菁英為伍」、「不斷創造話題」，就能建構很成功的經營模式。不管是養猿還是養銀子，NFT的根源價值，還是掌握了人性最深層的需要。

時尚

　　我們在上海的一場高階經理人論壇認識，透過一位教父級的策略管理老師介紹，這位女企業家很驚訝我竟然聽過她公司。她在兩岸時尚產業都相當知名，也常接受媒體專訪。

　　「我一直以為男人對時尚產業沒興趣也不太了解。」她說，在兩岸都讀過EMBA，每次在課堂上介紹自己的公司時，都要那些企業大老闆回去問老婆和女友。她公司專做貴婦生意，負責給錢的男人自然不會關心。

　　「男人征服世界，女人征服男人，您這可是影響全世界的大生意。」我笑著提醒她，這世上的男人都拼命賺錢，女人可是拼命在花男人的錢。

　　她知道我是企業創新顧問，所以問我時尚業該如何創新？

　　我反問她，過去5年裡公司推出過哪些新產品？

　　她說，大都是布料花色的改變，配合流行的改變跟上市場。市場流行什麼花色就跟上流行，反正顧客喜新厭舊。

　　我卻不認為她的顧客在乎的是花色，如果大家比的只是花色那根本沒什麼好比。反正花色又不能申請專利，這也是為什麼時尚市場的流行總是一窩蜂。想創新就要深入了解目標消費群的

需求，比如，貴婦為什麼要花大錢買她公司的衣服？

我說，女為悅己者容，這些買衣服不用看標價的女人買的其實不是衣服，而是男人的注意力。就像連續劇裡那些宮鬥劇情，表面上看來是女人之間的戰爭，最後爭的還男人。

她有點大夢初醒，繼續問我該怎麼幫她公司創新？

我沒有正面回答她，只分享一個小故事。

我有位貴婦朋友，她一直是這位女企業家公司的鐵粉，我曾經好奇的問她為什麼要花那麼多錢買那麼多那麼貴的衣服？

「因為我如果換衣服就不用換老公。」她說，把自己打扮好是女人經營婚姻和愛情的基本功。

時尚產業和地球上所有的生意都一樣，販賣的無非是兩種東西，一種叫「恐懼」一種叫「貪婪」。地無分東西南北，人無分男女老少，每個人都貪美怕醜，所以要花錢打理自己的門面。

過去時尚產業賣的都是看得到摸得到的潮流奢侈品，未來，在NFT的加持下，那些摸不到的奢侈品的身價可能更可觀。

2018年，特斯拉公司的執行長馬斯克（Elon Musk）在IG上傳了一張他穿著「虛擬球鞋」的照片。這雙鞋靈感來自於特斯拉電動卡車Cybertruck，是一雙沒有實體的電腦圖片，當時卻以15000美元（約台幣45萬元）售出。目前，這雙鞋已經漲到12萬

美元，因為它是一個NFT作品，以區塊鏈加密，獨一無二、不可複製，所以越轉手越貴。

設計和製作這馬斯克虛擬鞋的團隊，在2020年創辦了時尚品牌RTFKT（後來被Nike收購），專門製作各種NFT時尚精品在網路上銷售。如果您也買了一雙和馬斯克一樣的虛擬鞋，在真實世界的鞋櫃裡不會多一雙鞋，但是在臉書和IG上傳的自拍照卻能一直穿，並向親友炫耀現寶，並且擁有這雙鞋子的數位所有權。

美國華爾街日報認為，NFT已經成為一種文化現象，直接引導世人對未來虛擬生活進一步的想像。當人生活在虛擬世界裡的時間越來越長，這意味著Google、臉書、亞馬遜所幻想的「元宇宙時代」即將來臨，和虛擬世界的消費市場規模的巨量快速成長。

目前，Burberry、Louis Vuitton、Gucci這些時尚品牌已經加入NFT戰局，紛紛推出各項相關產品。早在這之前，2019年的IG平台上已經出現了虛擬的NFT彩虹色的連衣裙（iridescence），由荷蘭The Fabricant公司和藝術家Johanna Jaskowska聯手打造，這件沒有實體的虛擬單品以9500美元（約新台幣2.6萬元）售出。

長久以來，時尚潮流產業總是和奢華畫上等號，販賣的總是「炫耀」而非「必要」，NFT顯然為時尚產業帶來全新的可能和強大的成長動能。傳統時尚產的產銷鏈顯然已經走到盡頭，再怎

麼創新發展都無法滿足未來的世界需要。

　　至少，從以下這三個方向看來，時尚產業在未來一定會是和過去完全不同的產業：

　　一、生產鏈：虛擬的時尚產業不需要製衣廠也不需要使用布料。

　　二、行銷鏈：虛擬的時尚產業不需要在實體世界銷售。

　　三、管理鏈：虛擬的時尚產業不會有仿冒品，由 NFT 加密，每個都獨一無二。

酒瓶裡的液態黃金

她是專業的葡萄酒商，長年代理銷售世界各地好酒。

她賣的酒有兩大特色，簡單說就是「名」、「貴」兩個字，要不就是很知名的大牌子，要不就是貴到讓人聽了掉下巴的那些酒。

這一天，我們又聚在一起喝酒，很自然的聊到葡萄酒市場的一些熱門話題，比如有人在社群網路裡宣稱自己在某年某月某日喝了一瓶身價高達 300 多萬的知名好酒。

酒商朋友說，這瓶酒她也有，而目前只賣出一瓶。

可以理解，一瓶身價可以買一部雙 B 房車的酒，買得起又想買的人該沒有很多。

「你錯了，這瓶酒有一堆人搶著想買，但是我不想賣，這瓶酒買到算賺到。」她說，之所以賣出那瓶酒，是這位客人是大戶，常年買了不少酒。

她接著笑了笑說，這瓶酒那年只生產 300 瓶左右，能搶到的世界各大酒商都珍藏在酒窖裡捨不得賣，而且身價上漲的速度比任何一支飆股都還快，像第二瓶酒如果沒有 500 萬以上的出價，她也不捨得出手。

聽她這樣一說，我馬上意識到這支酒的仿冒品該不少，而且被鑑定出真假機會更少。這麼貴的酒被開來喝的機會本來就不多，即使喝了，真假又該誰說了算？再加上背後龐大的商業利益，把這些因素加總起來想想，很自然想出了一幅有趣的畫面。

酒的身價越高，背後的假酒就越多，明明知道假酒很多，大家還是搶著買。因為買賣的人都心知肚明，以假賣假還是可以賺進不少真金白銀。一直以來，在全球葡萄酒市場都是同樣的情境，大家都說要杜絕假酒的流通，但是卻始終沒有人能提出有效的解決方案。

NFT出現之後，葡萄酒市場像找到了救星，不管是買酒或賣酒的人，都開始用區塊鏈科技開發出各種相關的NFT產品和商業模式，像是：

一、瑞士的WISeKey公司聲稱，已經研發出CapSeal NFC智慧標籤技術，可以為每一瓶葡萄酒和烈酒在數位世界生成NFT。這項技術正在申請專利，以智慧標籤來無線傳送數位資料，把晶片貼在酒瓶時就等於寫好了這瓶酒的身分證明，持續進行身分驗證和跟蹤，只要瓶子被打開，酒的擁有人就會收到通知。這技術已經引起一些酒莊的關注，像前NBA的中國籃球明星姚明所擁有的酒莊就在2021年四月拍賣了一瓶Cabernet Sauvignon葡萄酒和一瓶「限量版NFT」。

二、加拿大多倫多的BitWine公司發布了1000個NFT葡萄酒

數位藝術品，平均價格151美元，這些「數位酒」都是虛擬不能喝的酒，而且是由視覺設計師而不是釀酒師所「釀造」，每種葡萄酒根據稀有性、年分、葡萄品種和產區進行分類。目前已經有拍出身價超過30萬美元的酒。很多人都好奇為什麼那些人會花錢來買這些不能喝的酒，而且出價越來越高？試著想想，那些一瓶300萬的酒有幾瓶是真的想買來喝的？買酒的收藏家在乎的是酒還是這瓶酒能賺多少錢？

　　從以上兩個結合葡萄酒和NFT的商業模式來進一步思考，就可以大致明白NFT能解決的痛點有哪些。物以稀為貴，越貴的酒產量越少，這些酒被仿製成的假酒也越多。對於生產這些名貴好酒的酒莊來說，一瓶身價超過雙B車的酒就像值得備受呵護的珍貴生命，更要確保能健康送到愛酒人的手上，而且最好是在開瓶的前一秒才讓這瓶酒離開酒莊。這樣就能同時解決好酒的真假鑑識和品質控管這兩個大問題。

　　所以，一個人類歷史上從來沒有過的商業模式就呼之欲出了，只要幫每瓶酒用NFT在數位世界裡創造一份不可能被仿冒的身分證明，再把這瓶酒妥善保存在原產地酒莊裡，收藏家買賣酒的時候不需經過拍賣公司，買方和賣方彼此交易的時候只要用手機傳輸這瓶酒的NFT即可。這樣一來，連運費都省了，一直到如果有哪個凱子真的想把一瓶雙B車喝下肚，再請酒莊把酒的「肉體」寄過來就可以。而且，即使這瓶酒被喝完了，它的

「靈魂」還可以被收藏甚至交易與增值。

　　這將會是改變人類葡萄酒歷史的大創意、大公益和大生意。透過NFT讓假酒絕跡，讓想喝酒的人喝到好酒，讓想賺錢的人能賺到錢，也讓酒莊有更多生意，甚至省下運送的資源，減少運輸過程中所造成的二氧化碳排放量。這樣的商業模式一旦能被實現，也算是諾貝爾等級的偉大發明了。

從電玩殺到元宇宙

那是1996年的夏天，我和一位電玩界的大老闆吃飯，他聽到我正在幫公司籌辦網際網路事業。

「什麼是Internet？是哪家公司的產品？能用來做什麼？」他問了這些今天聽來已經不需要回答的問題。

但是在當時，他問的卻也是每個人都會問的問題。那時的電腦還需要透過數據機（Modem）撥電話連線才能上網，WiFi和5G都還不知道在哪裡。

回想起來，就像今天每個人一聽到NFT，也會問：NFT是什麼？是哪家公司做的？能用來做什麼？

一起吃飯的那位電玩大老闆以電腦磁碟遊戲起家，在當時已經賺得滿盆滿缽。我說，將來地球上所有的公司都會需要靠網路做生意。

「所以你的意思是，我的公司將來要轉型成網路遊戲公司？」他一臉無法理解的表情，他聽都沒聽過網路遊戲，更無法想像網路遊戲長成什麼樣。

今天，這位老闆所創辦的網路遊戲公司已經是電玩界的霸主。

如果今天和他再吃一次飯，我還是會用20多年前一樣的對

話模式告訴他：「將來，地球上的每一家電玩公司都會是 NFT 電玩公司。」

然後，我會再補上一句，未來，全世界所有的公司都會變成某種意義上的 NFT 電玩公司。

我之所以敢這樣說，是因為很清楚這些預言並不需要花 20 年就可以成真。只要從以下這幾件事來思考，就可以明白我們正在走向一個人類從沒經歷過的時代。

2021 年 2 月，投資基金公司 Polyient Games 花了 160 萬美元買下「星空城堡」（Citadel of the Stars），這是一個線上遊戲 Mirandus 裡的王國，意思有點像是在遊戲世界裡買下一塊土地。另一遊戲平台「沙盒（The Sandbox）」也賣出價值 280 萬美元的遊戲土地，這些數位世界裡的土地，都會對路過的玩家收過路費，同時也會把土地切得更小塊賣給玩家，讓玩家利用自己的數位土地來賺錢。

2021 年 7 月，可口可樂公司推出 4 枚 NFT 收藏品在網路上拍賣，拍賣所得全數捐給了國際特殊奧運委員會。可口可樂說：「我們很高興與元宇宙（Metaverse）分享我們的第一個 NFT，在這新世界中以新的方式建立新的友誼，並支持我們長期以來的朋友『國際特殊奧運』。每一枚被創造出來的 NFT 都是為了在虛擬世界中以全新且令人興奮的方式，重新詮釋可口可樂品牌的核心元素。」

「如果我們做得夠好，5年後，我們將從社群媒體公司變成『元宇宙』公司。」2021年7月，臉書創辦人祖克伯在公司第二季財報會議宣布，臉書將成立團隊，全力發展「元宇宙」開發與應用。

元宇宙的概念來自1992年出版的科幻小說《潰雪（Snow Crash）》，故事裡描述人類脫離現實世界而活在網路的「平行世界」，以「虛擬化身（Avatar）」過著比真實世界更真實的人生。也幾乎在同樣的時間前後，NVIDIA執行長黃仁勳和騰訊創辦人馬化騰都公開表示，虛擬世界和真實世界的大門已然同步打開，他們的公司在未來的經營重點會往元宇宙發展。

所以，把以上故事串起來解讀，就可以明白，AI、5G、物聯網或數位轉型這些技術都已經過時了。人類文明的下一章，將會是區塊鏈、NFT和元宇宙。

先不談未來，光說現在，人類的生活幾乎就是活在「半元宇宙」裡。只要我們試著回想自己過去的這幾年，每天花在手機和電腦的時間是不是越來越多？再加上疫情之後，地球上的每一個人更是不得不活在數位和網路世界裡。往未來想，我們對虛擬世界只會更依賴，最後終究一定會走進傳說中的「元宇宙」。

元宇宙是一個平行世界，每個人的虛擬分身在裡面生活，在這個世界裡，只要人類想像力能及的事都有可能發生，政治、經濟、法律……各種遊戲規則也將被改寫。而像NFT這樣多功

能的加密工具就成了元宇宙的法律載具，用來辨識每個人身分、財產和貨幣的真偽。

人類在歷經電腦、網際網路、物聯網、AI、5G區塊鏈、NFT之後，終於累積出元宇宙這樣的新數位文明，這樣的文明是福是禍？看來難以預期，卻是必然。

未來，我們都會無所選擇的活在元宇宙裡，全世界所有的公司都會變成NFT公司。

第四權與被遺忘權

　　他知道我參與創辦了那個媒體網站，於是透過朋友邀我聊聊。

　　我們坐在他的別墅落地窗前，看著水岸第一排的淡水河景閒話家常。從他如何在台灣白手起家之後前進上海，在對岸名利雙收後再鮭魚返鄉，這些故事我在線上及線下的媒體其實都已經讀過很多次。

　　但是我知道，這位企業家想跟我說的其實不是這些。

　　「最近網路上對我有些不實報導，我查了一下，源頭是那家新聞媒體網站。」他客氣的問我能不能找到管道把那些新聞拿下來，同時強調錢不是問題。

　　錢當然對他不是問題，問題是這件事背後有很多問題。他所說的話可以信嗎？那些報導真的不實嗎？這些新聞拿得下來嗎？

　　我告訴他，如果那些報導不實，最好的處理方式是透過更多媒體的力量來澄清，甚至要求那家媒體刊登他的聲明。一家專業的新聞媒體絕對會誓死捍衛新聞自由，任何的威脅利誘都沒用。他也可以找律師上法院控告媒體，但是更會引來更多的媒體報導。

　　「所以，您的意思是我只能忍受這些不實報導一直傷害我的聲

譽？」他失望又憤怒，坦承媒體所報導的，其實只是一些他不想讓人知道的過去，這些事無關法律的是非對錯，只是個人隱私。

之後這位企業家就沒再找我了，但是日後每每回想這件事，我就會再一次思考「隱私權」和「被遺忘權」這兩者的邊界。每個人都希望自己的大眾形象美好風光，只要是好事，再隱私都希望能傳千里；相反的，每個人也都希望壞事不出門，不希望沾到一丁點的負面新聞。在網路的世界裡，一個人的品牌形象管理是一件越來越複雜的事。

2018年歐盟施行了「一般資料保護規範（General Data Protection Regulation，GDPR）」，明文指出「被遺忘權（Right to be forgotten）」為法律所保障的權利。也就是每個人都應該可以在網路上擁有合理的隱私權，只要不想被搜尋到的資料都可以保密。從2014年到現在，全球向Google提出被遺忘權的大小官司已經超過百萬件。全球法律界許多學者也認為，遺忘和原諒應該是人性該有的慈悲與美德，特別是對於那些過去曾經犯過錯也已經付出代價的人，社會該適度的遺忘並給予人們重新做人的機會。

2021年3月，美國時代雜誌標售三個NFT封面，這三個封面主標題分別是1966年的「上帝已死？」、2017年的「真相已死？」，以及2021年的「法定貨幣已死？」，三者封面設計都是紅框、黑底、紅字標題。而2021年的這一期主題故事正是報導

NFT，探討加密貨幣對法定貨幣的衝擊；再加上一個三封面並列的NFT，這三個封面總共拍得50萬美元。

當NFT進入了新聞媒體產業，會發生什麼樣的故事？時代雜誌所拍賣的三個封面，看來像是個很有趣的隱喻和預言。如果上帝能裁決這世間的一切對錯，會如何看待「隱私權」、「被遺忘權」和「第四權（新聞自由，強調大眾有知道權力）」？所謂的「真相」又該如何認定？法定貨幣代表的是政府和公權力，不受任何政府管控的加密貨幣影響力越來越大，個人和體制之間的力量又會如何消長？

2021年5月，紐約時報科技專欄作家路思（Kevin Roose）也把自己的一篇文章製成NFT拍賣，將拍賣所得全數捐給慈善基金會。

這篇文章最後拍賣所得是台幣1600萬元左右，這件事也讓另一位記者班頓（Joshua Benton）寫了另一篇新聞。他認為，NFT如何衡量新聞價值？這些價值如何轉換為金錢？

過往，新聞媒體都訴求獨家是最大的價值，有了獨家內容才能吸引讀者眼球和廣告費用。但是在數位世界，任何媒體如果發布任何獨家內容，馬上就可能被競爭對手複製。而媒體廣告價格越來越低，也讓媒體沒有資源產出好內容。

在元宇宙時代，新聞媒體會向上提升或是向下沉淪？可能沒有任何人在今天說得準，因為，科技始終改變人性。

野蠻生長之必要

2000 年的春天，我飛到美國小住，從西岸到東岸，在國家獎學金的支持下，陸續到幾家大報研究學習如何發展網際網路事業。那時候，紐約時報、華盛頓郵報、今日美國報、聖荷西水星報……，這些大報當時都已經開始經營網路事業。

我發現，這些大報社的高階主管都有共同的思維模式，認為網路只是另一個通路，只要把馬路上的經驗搬上去就可以一本萬利。這些擁有數十萬甚至上百萬份發行量的報社都樂觀的認為，另一個黃金時代要來了，只要做好內容就會有眼球和廣告。而且，將來連印刷機都不用買，因為每個讀者的電腦和手機就是專屬的印刷機。

那時候，應該沒有人想到今天全球媒體的慘狀，全世界所有的媒體廣告都幾乎進了臉書和Google的口袋。每一家媒體還必須從越來越少的收入裡拿出越來越多的錢，來買廣告孝敬這兩位數位巨頭。即使連年虧損，還是要到這兩個平台上做廣告，因為全世界的眼球都在上面，媒體的內容不放上去就沒人看。

新華社是中國的國家通訊社，地球上每一家新華社的門口都掛著毛澤東的題字：「新華社要把地球管起來，讓全世界聽到我們的聲音。」今天的臉書和Google沒有生產任何媒體內容，卻已經真的管住了全世界的眼球。

一模一樣的劇情也重現在今天，幾乎所有人都用自己過去的經驗來想像NFT的未來，如同20多年前的紐約時報和沃瑪都只想著把現有的生意模式搬到網路上。經歷了20年之後已經證明這樣的思維不可行，但是今天看待NFT，為什麼還是走回老路？

特別是藝術相關產業，幾乎所有目前看得到的運用，都是從老思維出發。從藝術家、畫廊到拍賣公司，都把NFT當成貼紙，認為只要把NFT往身上一貼，自己就在瞬間變身，趕上流行，並多少沾些油水。在這股NFT熱潮裡，許多「貼標」式的生意也因應而生，像是：

一、NFT畫廊：2021年3月，美國紐約聯合廣場（Union Square）附近出現一家「NFT畫廊」，這家號稱「全世界第一家」的NFT畫廊其實和傳統的畫廊看來並沒有太大的不同。把300多位數位藝術家的作品，展示在各種大大小小的4K螢幕裡拍賣，買主可以把這些螢幕帶回家，如同過去買賣一幅畫的經驗。這樣的作法甚至傳到了中國和全世界，越來越多的畫廊學習這樣的作法，買賣數位作品。

二、NFT藝術家：除了數位藝術家，很多本來從沒有創作過數位作品的傳統藝術家也開始推出「NFT藝術品」。在蔡國強、赫斯特、村上隆這些大師級的藝術家推出NFT作品之後，數位藝術和傳統藝術之間的圍牆也快速被打開。這也同時考驗了藝術市場長久以來的辯論，藝術該不該為金錢和任何創作之外的目的與

意圖服務？別有所圖的創作能算是藝術嗎？就好像中國在1970年代盛行「樣版戲」，由政府主導，集合上萬名頂尖藝術家來做政治宣傳，這些作品算不算藝術？

三、NFT創作與交易平台：早在2017年，提供藝術家和收藏家買賣的NFT平台就已經開始出現，對於藝術產業而言，科技是很難跨越的關卡，所以幾乎全球所有的NFT平台都是由科技人所創辦。可以想見，接下來各種真假大小的NFT平台一定會滿地開花，也會出現各種詐騙不法行為。如果這樣的平台一直由科技主導，是不是會失去藝術專業的能量來背書和支撐？又如果，在無法吸納傳統藝術市場資源的情況下，NFT平台能有好發展嗎？

從過去的經驗來看，以上這些情況其實是合理且樂觀的，就像20多年前網路淘金熱開始流行的時候，地球上每一家公司都搶著把自己轉型成「.com」公司。這樣野蠻生長的過程，其實也是建構新產業生態必經的過程。

所以，面對NFT的潮浪，寧可不斷的出手和嘗試，最怕的是觀望和裹足不前，不下水就學不會游泳，不走進NFT的世界就永遠找不到適合自己的商業模式。

當電玩和運動的邊界逐漸消失

　　1994 年，日本 Konami 電玩公司在任天堂平台上發表了「實況野球」的遊戲，我也立刻成了這遊戲的鐵粉。那時兒子還沒出生，一直到兒子讀高中之前，我從沒有錯過每一年發行的新版本，父子兩人也曾經在這虛擬的棒球場上練球比賽了許多年。

　　現在兒子出社會工作了，也成了「實況野球」的鐵粉，一樣沒有錯過任何一年的版本。27 年來，這遊戲在全世界賣出了無數套，和許多玩家一起成長。我也早就過了沉迷電玩遊戲的年紀，好幾年沒玩這遊戲。

　　某一天，看兒子正在玩著最新版的「實況野球」，我發現這遊戲已經進步到遠超過想像。除了能讓玩家自己設計角色和球隊，不同的玩家還可以把自己設計球員和球隊對戰，甚至可以讓玩家化身成球員，在遊戲裡經歷一生。20 多年來，這遊戲相關社群已經發展得非常成熟，造就一個甚至比實體世界更豐富精彩的虛擬職業棒球世界。

　　這些記憶也讓我想到最近一些與 NFT 相關的運動電玩話題，「NFT」、「運動」、「電玩」這三個元素融合在一起之後，對世界所帶來的衝擊和改變將很可能改寫運動和電玩這兩個產業，甚至催生前所未有的新產業。特別是在融入了 NFT 之後，也發展出許多新的可能，比如以下這兩個例子：

「**運動明星NFT卡牌遊戲**」：法國遊戲公司Sorare創立於2019年，以區塊鏈技術建構了足球卡牌遊戲平台，為足球明星製作專屬NFT卡牌。這些卡牌解決了長久以來運動卡牌仿冒的風險又結合了遊戲元素，讓這家才成立2年的公司市值一路飆破10億美元。

Sorare的遊戲平台上，玩家可以購買足球聯盟所認證的NFT虛擬足球球星卡，再自行組建球隊，參加平台上的各式足球比賽，這些比賽並沒有什麼畫面，只是一堆數字的變化並且跟著一張張數位球員呈現，卡片的視覺也簡單制式，都是球星的半身照片。但是球員卡對玩家總是有無窮的魔力，特別是卡片買到手時開卡抽卡的過程總充滿刺激和喜悅。更值得注意的是，過去電玩公司在卡牌遊戲市場幾乎沒有話語權，現在結合了NFT之後，傳統發行運動卡的公司一下子就從強勢物種成了弱勢物種。

「**運動明星NFT社群平台**」：主力產品是運動NFT卡牌的Lympo公司，定位自己是「構建體育NFT生態系統」的公司，生產以世界知名運動員和運動俱樂部為智慧財產權的NFT。甚至為知名藝術家和各界名人量身訂製。

Lympo的NFT生態系統將分兩個階段開發，第一階段以製作NFT數位收藏品為重心，與著名運動員和影響力人士合作生產NFT並發行；第二階段的重點為內容和媒體的開發，將啟動各種活動，包括生產和管理遊戲，這些遊戲將以「邊玩邊賺」

為號召和行銷亮點，讓玩家將能夠使用數位體育收藏卡來創建和升級其體育英雄角色，透過遊戲來累積平台和自己的資源，以雙贏的方式來共同創建生生不息的生態系平台。

當NFT和運動與電玩同步融合，解決了過去的許多問題，也創造了未來許多機會，比如：

「**運動卡牌的新經驗與新價值**」：傳統的運動卡牌如棒球卡和藍球卡都只用來收藏，NFT卡牌則同步解決了「防偽」、「流通」、「保存」的三大痛點，不用擔心買到假的卡片，用手機就可以買賣交易，而且可以永久保存在區塊鏈上不用擔心遺失。

「**運動產業生態鏈的新結構**」：當電玩公司變身成卡牌發行和流通公司，這也意味著傳統卡片公司正一步步走向末日。這背後將牽動整個產業版塊的位移，電玩產業在運動產業的位子，也會更進一步往中心移動。特別是在後疫情時代，粉絲和運動員都越來越習慣在虛擬的世界裡互動。

「**運動經驗的再創造**」：電玩世界正在一步步建構傳說中的「元宇宙（Metaverse）」，把真實世界裡的一切都投影到數位世界裡。甚至可以想像「數位奧林匹克」將有一天會實現，或者，像「電子運動競技（Esports）」這類項目被納入奧運競賽的內容裡。

在英文的世界裡，運動和電玩都稱之為「Game」，這也說明

了兩者都擁有「競爭」和「博弈（賭）」的DNA，某種程度也投影了真實的人生。每個人的一生永遠活在各種大大小小的賽局裡，不管工作或愛情，而NFT看來將改變人生中各種大大小小的Game的遊戲規則。

認證書

　　電子郵件裡，有位年輕朋友談起他的離島軍旅生活，說這個小島上都是軍人，島上只有一家網咖有網路，休假時如果想回台灣，還得提早在兩個月前預訂船票。

　　這樣與世隔絕的日子，他仍然沒有放棄出國深造的夢想，竟然在退伍前就收到幾家美國名校的錄取通知。每個休假日，他在網咖裡往往一泡就是一整天。網咖裡都是阿兵哥，每個人不是玩網路遊戲就是看A片。只有他一個人的電腦不斷的穿梭在美國各大學的資料庫裡，為將來的留洋人生努力著。

　　「這所大學比較麻煩，需要找人寫推薦信。」他在信的最後問我，能不能幫忙寫推薦信？

　　我當然非常樂意，但是又怕誤了他的事，他所申請的那所MBA每年有來自全球一萬人申請，只錄取900人。我說，把我當備胎就好，建議他可以找更能幫他加分的人寫這封信。

　　他說他已經想得很清楚，我是他心目中最理想的人選。因為這所大學對推薦信很重視，要言之有物，不要常見的那些制式應酬背書。

　　收到那所大學寄來的電子郵件之後，我才明白為什麼這家MBA一直能排名在全球前三名內。這封推薦信其實更像是一份

調查報告，我要上網登入一個專門網站之後再一一回答三十多道問題，包括說明我和申請人如何認識，以及為什麼我覺得他適合到這所頂尖MBA就讀。

填表格的同時，我也意識到這份推薦信會一直被保留在網路上，我的個人資料也會被存檔管理，成為學校資源的一部分。但是我也同時好奇，如果我不是我所說的那個我，任何人都有可能冒用我的名字來寫這封信，那學校該如何識別確認我的身分？

我當時的擔心，如今已經不是問題，那位朋友已經順利拿到MBA學位成為人生勝利組，同時NFT也找到了解決方案。

當絕大部分人都把NFT運用在藝術和娛樂領域，IBM卻幫NFT找到不一樣的運用方式。跟智慧財產權公司合作，推出一個平台讓企業把自己擁有的技術專利放上區塊鏈，製成一個個NFT，方便未來的交易與授權。用加密技術把智慧財產製成NFT，任何人都可以公開查閱和買賣，也能增加智慧財產的流動性。

IBM一直是全世界擁有最多技術專利的公司，光是2020年就成功申請到超過9000項專利，比排名第二的三星公司多了將近1.5倍。但是這些專利卻沒有幫IBM帶來該有的價值，5年之前，這些專利平均每年可以創造10億美元以上的收入，近5年來專利授權收入卻持續下降，2020年時已只有6.26億美元。

所以IBM自然會想打造流通交易智財權的NFT平台，而且這個平台背後還看得到巨大的市場和多元運用。目前全球專利市場只有2%至5%的專利能成功交易，如果能更便利的辨識、認證及交易，將至少能創造超過1兆美元的產值。過去專利市場一直缺乏透明度，基於保密考量，專利持有人和專利內容常常都標示不清，也讓專利交易變得非常困難且複雜。

把專利NFT化之後，等於把專利同時藝術品化和貨幣化，不可複製不可更改，智慧權得到保障，可以放心的在網路上公開任人查閱，也可以成為公司的資產去借貸和抵押方便周轉。同時，在交易和流動的過程中可以省下許多環節，甚至律師費也可以省下來。

一切看來都蠻合理且可行，不過，也有許多人認為，把專利變成NFT在網路上交易的作法不一定能在世界各國行得通。這麼多年來，區塊鏈技術在全球金融市場所面對的法規問題，也是這樣的生意所需要面對的。

不過，從另一個角度來思考，IBM智慧權交易NFT平台的商業模式，卻可以解決多年以來許多企業、政府和組織都很頭痛的「認證書」發放與流通問題。過去，各式各樣的證書的製作和管理都需要耗費巨大的資源，但是把這些證書化成NFT之後，過去所有的問題就可以馬上解決。

舉例來說，大學畢業之後，求職或升學時會需要回母校申請

畢業證書或成績單，程序往往非常繁瑣還要花很多時間。如果能打造一個管理這些證書的NFT平台，每個申請人只要自己上網就能馬上把自己的證書領下來，同時驗明正身。

這樣的作法，也可以運用到許多證書的用途上，完全杜絕偽造，省下許多有型和無型的成本。

數位的珠寶化和珠寶的數位化

1998 年，和幾位同事創辦了「Internet 事業部」，我的職稱也成了「創意總監」。

當時，在這家歷史近 50 年的 5000 人企業裡，許多人都好奇什麼叫 Internet，更好奇這個新事業會展現什麼創意。這個剛成立的部門還沒有幾個人，任何大小事都是大家一起討論和決定，第一件事就是決定要在辦公室門口寫些什麼。

我建議在玻璃門板上寫著：「Future@Here」，用 @ 這個符號來標示這個單位的特色，也宣示整個單位對未來網路世界發展的雄心。

我的提議被討論了幾天，最後老闆決定在玻璃門上寫著：「Networkers inside」。老闆告訴我，大企業裡有很多人，很多人就會有很多種想法，所以說話要特別小心別得罪人。我的那句標語很精準生猛，但是多唸幾次之後，好像意思也是在說：只有這房間裡的人是未來，辦公室門口之外的那些部門不是未來。

我於是痛定思痛再次出擊，找來國際品牌 Swatch 合作，共同推廣「網際網路時間運動」。那時 Swatch 正在全球推廣「Swatch 網際網路時間（Swatch Internet Time）」，和麻省理工學院媒體實驗室共同制定新的時間度量衡制度，目的是讓全世界的網路使用

者都能使用同樣的計時系統來溝通。

　　當時 Swatch 網際網路時間的想法即使在今天看來都很有前瞻性，甚至還推出網際網路時間手錶，在手錶裡可以同時顯示真實和虛擬世界的兩種時間。我覺得這實在太酷、太有創意了，竟然可以讓人直接把網際網路時間戴在手上。於是促成雙方合作聯名包裝並且共同發表，也快速定位了這家剛上線的網路公司品牌。

　　網路產業開始發展之後，數位時尚也開始興起，不管是數位元素融入精品，或是數位穿戴裝置成為新人類的貼身奢侈品，對年輕世代消費者而言，炫耀數位資產的酷指數遠遠高過金銀珠寶。

　　而橫空出世的NFT，更為數位資產的世界帶來巨大的能量，那些NFT數位藝術品的身價甚至遠高過寶石。不管是在拍賣市場拍出 19 億台幣天價的數位藝術家 Beeple 作品，或是被NBA球星史帝芬柯瑞用 580 萬台幣收藏的「無聊猿」頭像。對收藏家而言，這些沒有實體物的數位圖像也絕對具有相當的炫耀價值。但問題是，該怎麼炫耀呢？這些NFT作品如何能像鑽石項鍊戴在身上吸引眾人的關注？

　　美國珠寶商 Eduardo Jaramillo 找到了一個把NFT轉化為黃金珍珠的方法，他坦白說這樣做是有些怪，但是卻一定是未來的時尚趨勢。他把 Apple Watch 包上鑽石和黃金，把穿載式的電子

產品變身成令人驚嘆的配件，用來展示自己收藏的 NFT。這種結合虛擬與實體兩者的藝術精品當然身價不凡，不過 Eduardo Jaramillo 已經著手進一步開發高貴不貴的平價版，讓更多人都能買得起。

接下來呢？當 NFT 可以成為穿戴在身上的炫耀品，許多想得到和想不到的地方都可以成為它的舞台。戒指、手錶、鑰匙圈甚至身體的每一部分都可能成為展示 NFT 的載具。現在甚至已經有人在網路上徵求各種設計作品，並且用投票的方式來行銷和生產各種可穿戴的 NFT 奢侈品。

如同黃金和鑽石本來是沒有價值的，自從人類賦了認知和共識之後，這些稀有的金屬和石頭才在財貨市場有了一席之地。所有的貨幣也是同樣的道理，都是以中心化的運作來產生價值，有了政府和銀行作莊，才有所謂的價值認定，一張千元鈔票的印刷成本可能不到十元，卻能擁有百倍的身價。

但是在 NFT 的世界裡，價值的認定卻是取決於自由市場，完全的去中心化。從生產到交易流通，政府無法左右和操作，這樣的情境，甚至可以直接和現實的財富世界做完全的類比。

甚至可以想像，那些一張張的金銀珠寶圖檔鑄成的 NFT，也許摸不到也沒有重量，卻有可能賣出比真金白銀更高的身價。物以稀為貴，需求決定價格，這是過去和未來市場永遠的鐵律。

英國大文豪王爾德有句名言：「虛情假意往往比眞愛更動人。」鄧小平說：「不管黑貓白貓，能抓老鼠的就是好貓。」順著這兩句話來思考，是不是也可以說：「不管虛擬或實體，所有的價值都來自炫耀。」

奢侈品的傳說與眞相

商學院的教室裡，時尚教母暢談她在奢侈品產業所經歷的大小戰役。我想像著，20多年來，有多少貴婦的衣帽間裡的高級訂製服和名牌包來自她的公司？

她打開投影機播放巴黎和米蘭時裝秀，教我們如何看懂這個奢侈品舞台的門道。裡面的道理其實一點也不難，就是個錢字，越靠近伸展台的人花的錢越多，不是各國代理商就是超級VIP大戶。對這些人來說，行情就是一切，第一排的露臉就是行情最好的證明，這樣的行情還可以換來更多有形無形的利益。

我越聽越好奇，難道在奢侈品的世界裡眞的沒有比錢更重要的價值嗎？

「很抱歉，眞的沒有。」她笑著用教育自己小孩的口氣，對我和整個教室曉以大義。她說，所謂的眞善美，都是有了錢之後，才能在這個圈子裡討論。但有趣的是，那些出手不用看價錢的買家們，永遠只在討論眞善美。

「您覺得人之所以買奢侈品是在買什麼？」我問她，是在買品質還在買品牌？

她遲疑了一下，停了一秒回答我說，都有吧。

我從書包拿出一本書，是看了一半的《我愛身分地位》。寫這本書的英國才子艾倫·狄波頓說，不管女人或男人，買奢侈品都只是想創造一個被愛，或是被尊敬、妒忌的理由，這些人都覺得自己不值得別人愛。一般來說，一個人會被愛，通常不外乎是長得美或長得帥、有知識或有錢。用錢買來的愛大家都說假，但是沒有人不愛錢。

我把這本書所說的內容跟教母分享，教母依然用曉以大義的口氣和笑容說，但是我們都回不去了不是嗎？大家每天拼命賺錢不都是為了享受這些錢帶來的快樂？再說，一切向錢看有什麼不好？有本事的人賺多花多，只要合法有什麼不對？

因為再對話下去可能就要引用皮凱迪的《二十一世紀的資本論》，所以我就不好意思再談下去了，但是卻更讓我明白奢侈品產業的核心思維。也明白這些思維和NFT結合之後，才創造出以下這些商業模式：

一、辨識真偽：奢侈品龍頭LVMH和Richemont集團（旗下有卡地亞和萬寶龍等品牌）發表聯合聲明，稱將聯手打造由區塊鏈技術支持的解決方案，協助消費者來辨識產品真偽。這個名為Aura Blockchain的平台可以溯源每個生產和銷售環節，甚至二手市場上的流通也能追蹤。通過加密的數位保證書，可讓消費者快速了解產品是不是仿品。這個平台也將向所有奢侈品牌開放，一旦運作成熟，將很可能改變奢侈品產業的生態。試著想像，如果

未來所有的奢侈品都會依賴這樣的平台來識別真偽，地球上每天會有多少女人拿著手機在檢測彼此身上的華服和包包的真假？這些數位身分證又會催生多少過去所沒有的市場價值？當奢侈品的仿品變少了之後，真的會讓真品變得比較值錢嗎？

二、NFT分身：Mason Rothschild和Eric Ramirez兩位藝術家共同創作一款名為「Baby Birkin」的虛擬愛瑪仕包，這個產品並不是由愛瑪仕製作，而是一個NFT藝術品。全透明的包包裡，裝著一個40周大的嬰兒動態影像。放在網上拍賣拍出了23500美元，這個價格已經可以在二手市場上買到一個柏金包了。這個交易在全球時尚圈引起了熱列討論，當一個不是由愛瑪仕所生產的虛擬愛瑪仕包能賣出媲美實體包的價格，這是不是也反射出奢侈品市場的某種真相，那些花錢買包的人買的真的是虛榮嗎？

在經濟學的世界裡，奢侈品（Luxury goods）的定義是：「需求的收入彈性大於1之物品。」也就是明明比較貴，但是人們卻捨得花錢去買的商品。根據經濟學家研究，當一個人的實質收入增加1%，購買奢侈品的增加量將會大於1%。

有錢人愛奢侈品，這樣的行為其實早在千百年前就有，明朝作家謝肇淛在《五雜俎》中就寫著：「今之富家巨室，窮山之珍，竭水之錯，南方之蠣房，北方之熊掌，東海之鰒炙，西域之馬奶，一筵之費，竭中家之產，不能辦也。此以明得意，示豪舉則可矣，習以為常，不惟開子孫驕溢之門，亦恐折此生有限之

福。」

　　這些文言文簡單翻譯，就是說有錢人不把錢當錢，亂買奢侈品會有報應。

　　以上。

米其林與東坡肉的長尾分潤模式

1949年7月，19歲的傅培梅從大陸逃難來到台灣。

她本來是個打字員，後來成了台灣很多烹飪老師的老師，一直到今天，「傅培梅」這三個字仍然和中華美食畫上等號。

40多年前的台灣，許多名廚和媽媽，都是邊看她的電視節目邊學做菜。大家每天定時打開電視收看「傅培梅時間」，下午學的菜當天晚上就端上桌。傅培梅在台視的烹飪節目，一播就是39年，在電視裡，她示範過4000多道佳餚，沒有一道菜重複。這樣的成績，連美國祖師級的美食節目主持人Julia Child都望塵莫及。

傅培梅之所以開始學做菜，是為了讓家人享受美食，她主動寫信給知名餐廳大廚，每個星期教三道菜，學費800元，相當於半兩黃金的價值。當時一個公務人員的薪水也只不過1000元，她為了籌學費，連結婚首飾都拿去當了。這樣辛苦學來的好手藝，她卻不藏私，每天公開在電視上大方的免費和千萬人分享。

美食是文化資產，歷經一代又一代的傳承與創新一直發展到今天。對每個廚師而言，如何煮出好菜其實都是珍貴的智慧財，但是在人類的歷史上卻沒有出現過對美食智慧財產的保護方式。從另一個角度看來，也因為沒辦法被保護，美食也沒辦法

有效的延續和傳播。

2021年8月，香港美食作家謝嫣薇和科技公司Noiz Chain合作，為世界各地的名廚推出NFT發行平台，讓大廚能把自己的獨門美食祕方和配方有效的保護並且長期持續獲利。

這個NFT平台名為FAT Lab，FAT是Food、Art和Technology三個英字的字首縮寫，意思是把名廚定位為藝術家，並為他們的美食作品量身訂作NFT。透過區塊鏈加密科技，名廚的菜單可以被妥善的得到智財權保障，NFT裡的智能合約也可以讓菜單在流傳時自動提撥利潤抽成。

「這個概念是革命性的，它將讓全球美食產業發展更上一層樓，大廚通過以NFT的形式發布他們的美食或食譜來獲得版權分潤。只要想學的人就必須付費，這會提高大眾對廚師的尊重和對知識產權的重視。」謝嫣薇說，一直以來，廚師的創作從來沒有受到智財權保護。辛苦的創作經常被抄襲模仿，一道菜如果在市場上受到歡迎，卻往往沒有人知道這道菜的發明人是誰。現在，可以利用NFT來處理這些問題了。

這個名為「全球首發米其林名廚美食NFT系列」的產品，結合了餐飲、區塊鏈科技和法務與資本市場的多方專業人才，將陸續公布與來自世界各地米其林名廚們合作的美食NFT系列作品。

放眼未來，NFT可望在三個方向上加速餐飲業進步，並且創造出各種新的商業模式：

一、獲利模式：過去的廚師只能從做出的菜裡面辛苦獲利，不做菜就沒有收入。有了NFT之後，食譜和授權都可以賣，這些收入和分潤甚至可以贈予後人，有了更多的誘因之後，廚師們自然會更用心的研發創新，為餐飲業發展帶來更強大的能量和更多獲利的點子和方法。

二、定位模式：創造出多樣的獲利模式之後，廚師和餐飲業的定位也可以大幅提升，因為要把產業價值拉高不能只專注在菜色的研發和製作，更需要跨界整合各種資源。這樣的方向會促進餐飲業的知識化，廚師也會成一個全方位的經驗提供者，除了把菜煮好，也要從環境的視覺、聽覺來創造更深刻美好的飲食經驗。

三、價值模式：餐飲業本來就是火車頭產業，直接拉動農業和物流產業與整條價值鏈。在獲利和定位模式有了突破性的改變之後，也能更進一步的發展到過去沒有的產業結構甚至扮演核心角色。像過去在旅遊市場，餐飲只是配角，未來，可望會出現越來越多以美食核心的旅遊產品，遊客們之所以旅遊是為了吃。

民以食為天、食色性也、飽暖思淫慾，這些流傳千古的名言都說明了吃這件事是人的慾望首要，也是創造生命和推動世界的力量。讓人類吃得更好，需要發揮更多的創意，相信這也同時是

公益和好生意。

　　試著想想，如果有一天東坡肉也出了NFT，並且指定每一道菜要提撥一塊美元給蘇東坡的後人，這會激勵出多少個未來的蘇東坡啊。

販賣數位人

手機裡跳出訊息，頭像是張美女照片，主動加我為好友。

看來是很常見的詐騙手法，很直覺順手就想刪除。

但是又馬上心念一轉，想看看她會怎麼騙我。也順便田野調查了解一下，目前數位世界流行的詐騙手法有哪些，就順勢把她加為好友。

果不其然，加了她好友之後，她沒多久就傳來訊息，除了自我介紹也向我身家調查。她問我住哪裡？喝咖啡喜歡加奶或加糖？今年幾歲……等等。

「我其實是AI科技設計出來的聊天機器人。」我故意逗她，希望能避免回答這些無聊的問題。

「真巧，我也是。」她竟然偷我的梗順勢玩起來，然後一路學我說話，只要我回答什麼她就說她是什麼。

我說她是跟屁蟲，她也說我是跟屁蟲，我說她學人精，她也說我是學人精，說到後來竟然搞不清楚是誰在學誰。

於是那天之後，我和她就進入一種很特別的對話模式。像是角色扮演遊戲一樣，我和她把彼此當成AI機器人，也把自己當成AI機器人，想像兩個機器人會如何在網路交朋友。那真的是

有趣的經驗，我明明是活生生的人，卻要去思考AI機器人會如何假裝成真人說話。

她總是三餐定時問候我，想知道我吃些什麼。我也總是要她先傳照片來告訴我她吃些什麼，然後在收到照片之後再很小人的回問嘲笑她：「哈哈，妳難道不知道AI機器人不用吃東西的？」

幾天對話下來，我竟然感覺自己比較像騙子，老是很滑頭的在讓她一步步現形，兩人對話的時間越久，讓我越不忍心。如果她真的是個騙子，我拆穿她豈不是太殘忍？這實在不是像我這麼善良、厚道、溫柔、慈悲的人該做的事，於是就讓這持續了幾天的機器人角色扮演對話淡淡的淡掉了。

每次回想這次扮演機器人的經驗，我也總好奇的想像，如果AI科技持續發展下去，真人和機器人之間會發展出多少難以想像的故事？如果把人和人之間的所有關係和狀態都移植到AI人工智慧的世界裡，讓機器人也擁有七情六慾愛恨情仇，那將會是一個什麼樣的世界？

也許人工智慧科技還有很長的一段路要走，至少目前還沒聽說有人被AI機器騙財騙色過。但是事實證明，人已經越來越習慣和沒血沒肉的「數位人」相處。

2021年7月，大陸社群媒體「小紅書」出現了一位名為AYAYI的用戶，她的第一則貼文是一張大頭照。這位長得看來白

富美又雙眼皮的銀髮少女，在一個月的時間裡就收穫了280萬次的瀏覽人次和11萬次的收藏點讚。

當每個人都在打聽AYAYI的身分，想找到她時，一家科技公司主動跳出來說明，坦承AYAYI是個用數位科技創造出來的「超寫實數位人」，她身上的每一吋美麗都是電腦「捏」出來的。在網路社群裡，這位虛擬的美女卻征服了數以百萬的真人眼球。製作AYAYI的科技公司說，她熱愛運動和潮流酷炫生活，是這家公司構建元宇宙娛樂帝國的排頭兵。

試著想像，如果AYAYI是NFT，以區塊鏈科技煉成，不可複製也不可篡改，甚至在AI系統的加持下有自己的意志和人格，在未來的元宇宙時代，會有哪些商業模式出現？如果虛擬的數位人比真人更好用，這世界又會出現什麼樣的劇情？

比如，販賣人口當然違法，但是販賣數位人就合法嗎？萬一數位人欺騙了真人的感情和金錢，法律要不要處理？兩個數位人之間如果有糾紛，該不該處理背後相關的真人？

事實上，AYAYI並不是中國第一個數位人網紅，早在兩年前，抖音就出現了經營電商生意的「虛擬翩翩」，而美國、日本也都有類似的數位人在網上活躍著。

可以想見，如果像AYAYI這樣的數位人越來越多，將會直接同步衝擊線上和線下的世界。因為在網路的世界裡，一切都

是虛擬的，虛擬才是這個世界唯一的真實，那些由數位創造出來的俊男美女將會比真人更帥更美，更能用語言、聲音和文字來撫慰人心。透過大數據科技，數位人會比你更了解你，也更能滿足你。

　　然後，就是人創造了數位人和機器人，再不斷的取代活生生的人這樣的殘酷劇情了。這樣的未來怎麼看都愚蠢而且不可思議，但是人類卻正走在這條路上。

藝術大混血時代

2019 年的 4 月，我和宜蘭文化局合辦了「文化雪隧」論壇，由文化局長主持，邀請了宜蘭藝術文化團體的 20 多位領導人討論如何在宜蘭發展藝術市場。

「文化雪隧」是我在 2018 年在媒體所發表的論述，希望集合產官學各界資源為宜蘭打造一個藝術文化的通路和平台。如同雪山隧道一樣，讓宜蘭的藝文資源能流向更寬廣的世界，也讓外界更多的藝文資源流進宜蘭。

這個構想很快的就得到縣長和文化局的大力支持，我也和局長與文化局同仁開始開會討論。多次對話之後，更明白宜蘭縣一直以來的文化政策主軸。

不管任何黨派執政，每一任的文化局長都一直以「宜蘭文化主體性」為工作箭頭，這也使得宜蘭的文化建設得以累積厚實的基礎。再以這樣的基礎來推動教育和觀光，這也是為什麼長期以來宜蘭的人文和自然能不斷吸引來自世界各地的遊客到訪。

在籌備「文化雪隧」論壇的過程中，當時宜蘭美術館正在展覽藍蔭鼎與楊英風的作品，而我也擔任策展人幫攝影家鐘永和策劃了「尋路」攝影展。於是提出把這三位宜蘭出身的藝術家連結在一起行銷的構想，規劃了多場研討宜蘭藝術和文化特質的活

動，開始讓宜蘭藝術家和台北藝術家同堂對話。

經歷了「文化雪隧」這樣的專案，我更明白藝術和文化如果要創造更大的價值，就必須經歷「混血與融合」的過程，透過融合差異來產生創意，這也一直是人類藝術文化發展原動力。

2020 年 8 月，因為疫情而關閉的大英博物館重新開放，馬上推出重量級特展，展出日本浮世繪大師葛飾北齋失落 70 年的畫作 100 多幅。大英博物館擁有超過 1000 件葛飾北齋的作品，是日本之外最大規模的葛飾北齋收藏單位。

日本的浮世繪畫風對全世界的藝術影響深刻，從十九世紀就開始影響法國印象派的發展，像梵谷就是浮世繪的狂熱收藏家，並且創作了許多以浮世繪為元素的作品。梵谷的作品可以看到很多浮世繪的影子，清晰明亮的線條，大膽地使用高純度顏色，平塗上色不做暈染，以及色調變換的排線，這些快速有效地抓住事物運動形式的技法，都是從浮世繪繪畫中得到的啟示。像梵谷知名的作品「旋轉的星空」就常常被拿來和葛飾北齋的「神奈川衝浪裏」做對比。

在葛飾北齋開展一年之後，大英博物館和法國 LaCollection 公司合作，推出葛飾北齋 NFT 作品，以區塊鏈加密技術製作 200 多件不可複製的數位藝術品。包括著名的版畫「神奈川衝浪裏」、「凱風快晴」和「駿州江尻」等知名的富嶽三十六景系列作品。

自疫情之後，全世界許多博物館都紛紛發行NFT來減輕財政壓力，這種作法同時也為藝術界帶來了更年輕、更全球化的觀眾。根據知名藝術品拍賣公司佳士德統計，拍賣會裡有73%的NFT拍賣註冊人之前從未在拍賣會出價過。這也意味著某種藝術教學和推廣，推出NFT的拍賣能吸引更多年輕的觀眾，讓年輕的一代認識到，那些在世界各地到處可見的「神奈川衝浪裏」原來是葛飾北齋的作品。

　　從文化雪隧到大英博物館發行葛飾北齋NFT，這些故事都讓我更相信開發和多元的力量。不管在任何場域，只有包容才能永續發展，從大自然到文化和商業的世界都是同樣的道理，而NFT則為這些事賦予了更多的可能。

　　就如同日本的文化藝術國寶被英國博物館轉換成NFT商品來銷售，日本人不但不生氣反而覺得開心。透過大英博物館的品牌加值，同步為日本的國家品牌和文化資產行銷，也教育了更多年輕人來親近和認識日本藝術。

　　而且，這些NFT賣得越好，也等於是在幫日本文化打更多的廣告，對於日本的文化資產一點都沒有傷害。反過來說，如果交易的不是NFT而是實體的文化藝術品，過程會無比的困難而且也完全達不到雙贏的效果。把日本國寶轉成NFT來賣，英國人賺足銀子，日本人也很有面子。

　　這樣的「混血式藝文行銷」顯然為NFT的未來鋪出了一條

康莊大道，來自不同時空和地區的文化藝術品都變成世界性的資產，兼具營利、教育、文化交流與外交等功能。這同時也是以創意來同時推展公益的好生意，何樂而不為？

作家的黃金屋

出版社寄來這一期的版稅，這件事總讓人驚喜。

作家的生活，每天就只有一個「寫」字，分分秒秒都在寫，不寫的時候就在思考該寫些什麼。作家的人生幾乎每件事都和寫字有關，很少會關心其他事，也從來沒去問版稅什麼時候會寄來。

最近這幾年，版稅清單上多了一個過去沒有過的項目，出版社特別列出電子書的版稅，而且每次寄來的電子書版稅越來越多。出版社告訴我，我幾年前的《這些點子值三意》電子書銷售量一直在增加，所以出版平台也自動加碼幫忙打廣告，這樣的正循環就反映在版稅數字上。

我想像著這些數字背後的結構，出版社或電子書平台對暢銷書投入行銷資源，所以這本書就越來越暢銷。相反的，乏人問津的書也就會越來越沒人買。

網路上的所有資源都要錢，臉書的觸及率、Google的SEO（點閱率優化）甚至網紅好評和網友口碑，每件事的背後都有標價，出版社的行銷費用越來越高，獲利卻越來越少。根據官方統計資料顯示，台灣出版市場的規模將從現有的5億美元（約新台幣146.6億元）規模，一直萎縮，到2024年將衰退至4.5億美

元（約新台幣132億元）。

2021年8月，前南非總統曼德拉的孫子杜馬尼（Dumani Mandela）以NFT（Non-Fungible Tokens）的形式拍賣他所寫的小說。發行NFT的公司說，杜馬尼的家庭背景會讓市場對這個NFT產品關注並感興趣。

對於作家而言，把作品鑄成NFT上網發售，不需經過出版社等中間人，這件事也意味著更多的營收。出版社的經營日越困難，能分給作家的版稅也更少。如果用NFT來出版，網路會記錄每一個購買的讀者，也可以自動發給這些讀者每一本書的所有權證明，讓作家和讀者之間的關係更密切。

這樣去中心化的作法將對作者和讀者都更具吸引力，作家也可以隨時把寫好的作品直接賣給訂閱作品的每一個人。

作家運用NFT的方法，已經陸續有些成功的故事，像美國有位作家寫的小說一直找不到出版商，他把作品鑄造為NFT上網拍賣，就有網友直接用5個以太坊的價格購買了這部小說，這在當時幫作家帶來7000多美元的收入。

NFT對作家和出版社顯然都是前所未有的機會，許多過去只能想到卻做不到的事現在都有可能實現了，比如：

一、把書籍封面變成收藏品：作品出版時，把封面製作成NFT，並且把這些NFT每一個都編號，這樣就能馬上把一本書變

成數位藝術品來讓粉絲收藏。這是過去作家和出版社從來沒有過的收入，也能讓作家的作品跨界進入藝術收藏市場。甚至把那些曾經被討論過卻沒有入選的封面也作成NFT，這些遺珠可能也會大受歡迎搶購。

二、把書裡的內容變成藝術品：和藝術家合作，把書裡的人物或內容轉換成NFT藝術品，有點類似開發周邊商品的概念。但是利用限量發行的作法，可以把NFT的價值拉得更高，也為藝術家創造更多的舞台，讓作家和出版社也一起獲利。

三、隱藏版NFT：為購買NFT的讀者量身訂作，在原有的內容之外增加章節，創造NFT的獨特性，這樣的作法可以創造更多購買的動力。

四、限量NFT：只出版NFT電子書不出紙本書，而且限量發行以創造稀缺性和增值性。比如知名暢銷作家的新書只出99本，那未來這些書都可望成為收藏品，在每一次轉手都可以增值。NFT裡也會記錄每一手擁有著的名字，被名人擁有過的書肯定也更搶手。這些NFT裡也可收藏獨家的音頻和視頻，像是讓作家親自來朗讀書裡的內容。

五、NFT解謎包：像《達文西密碼》、《哈利波特》或者偵探推理小說裡都有很多謎題，可以把這些謎題的謎底寫在NFT裡，只有購買這些NFT的讀者能知道。

六、NFT 初版書：把作家手稿和製作這本書相關的討論文件與書稿製作成「NFT 初版書」，這本書只有一本，如同版畫的母版或第一張作品。

在後 NFT 時代，「書中自有黃金屋」這句古諺看來有了更多的可能和新意。過去的科技時代，讀書是追求功名富貴的終南捷徑，但是寫書從來與功名富貴無關。

如果能用 NFT 把作家這工作變得更能名利雙收，相信也會吸引更多人投入寫作這一行，也能創造出更多好作品。

房地產

　　有位企業家朋友找我去他辦公室聊聊，一見面就丟給我一本資料。

　　是剛從東京傳來的設計稿，出自日本國寶級建築師的手筆，讓人看一眼就忘不了。

　　那些手稿不像是會存在現實世界的作品，卻美得不可思議。特別是那屋頂竟然可以把台灣、日本和泰國的三種廟宇風格融於一身，真好奇這樣的作品能出現在台灣嗎？

　　「你猜對了，這真的是一座廟，是神明指示我蓋的，連蓋廟的地點都是神挑選的。」企業家朋友說，他找遍了全世界最好的建築師，總算讓日本那位大師點頭接受這挑戰。

　　我好奇他為什麼會說這案子是項挑戰？這些建築師應該設計過不少作品，有什麼事難得到的？

　　「我開出來的條件是，這座廟不能有任何一道門和窗戶，甚至不能有任何柱子，還要經得起台灣曾經出現過最強的颱風。」企業家朋友露出得意的表情，顯然這些要求考倒了不少建築大師。

　　如今，這樣一座不可思議的建築物竟然真的出現在台灣。

去參拜過幾次之後，我更明白建築這門藝術為什麼被定位成八大藝術之首，是各種藝術型式裡公認難度最高的。除了要滿足人類最狂野的想像，更要用最務實的科技與工藝來兼顧實用性與安全，這也是人存在天地之間最重要的需求之一。古今中外，不論貧富貴賤，任何人都需要安身立命之所，絕大部分的人終其一生也把絕大部分的收入給了房子。

這樣的需求也充分反應在NFT所建構的世界裡，甚至出現比真實世界更讓人匪夷所思的劇情。比如，只要財力夠雄厚，甚至可以買下一整個地球。

創辦於2017年的SuperWorld，是一個以擴增實境（AR）技術打造的去中心化虛擬世界，這家公司把整個地球數位化並且綁在區塊鏈上，切割成648億塊虛擬地皮NFT，並且把NFT化放到網路上來買賣。SuperWorld裡的每塊土地都是一個100公尺×100公尺的方形，和現實世界的空間相對應。這件事在今天看來像個電玩遊戲，但是如果有一天玩這個遊戲的人夠多，可能就會讓我們必須認真思考以下幾個問題：

問題一，地球這個IP倒底屬於誰的？如果誰都可以在虛擬世界裡打造地球並且把這個虛擬地球拿來買賣，到底合不合法？

問題二，如果一個人在虛擬地球裡擁有台灣，並且開放台灣玩家移民到這個世界裡，在這個世界裡買賣房地產，那政府該不該管這件事？

問題三，如果在虛擬的台灣裡的公民人數超過1000萬（別覺得不可能，台灣現在的手機遊戲人口早就超過1000萬），那在這個世界裡的公民集體做出的決定（如公投和選出自己的領導人），政府要不要認？

順著以上這些問題問下去，SuperWorld 將可以引發無止盡的問題來讓我們思考。這些問題其實距離我們並不遠，在 SuperWorld 裡面，美國紐約曼哈頓的一塊土地已經可以用333個以太幣（約合80萬美元）的價格出售。這塊 NFT 地皮在 SuperWorld 永遠只有一塊，不能被複製或分割可以購買、出售、交易或持有。

地皮的擁有者還可以成為 SuperWorld 的股東，分享其他使用者在自己在這個虛擬地球裡所創造的收入，比如虛擬物品交易、廣告、電子商務和遊戲。此外，SuperWorld 還為玩家提供了許多生產活動，並且把這些活動來回饋到現實世界。

不管未來的發展如何，SuperWorld 的經驗至少提供了我們一些長久以來未曾出現的商業模式想像，比如：

一、共富經濟：每個人都可以參與社會的發展，發揮自己的專長讓社會更好，並共享生產的結果。像 SuperWorld 的所有使用者都可以分享他們在平台上所創造的價值，並且為越積極的玩家提供更好的福利，玩家如果在這個世界所得到的經濟利益也可以分享給所有人。

二、弄假成真：目前的NFT買賣看來是買空賣空，交易的都是沒有實體物的數位資產。但是在未來元宇宙時代，虛擬物品的交易市場卻會是唯一的真實，而實體世界的資產在這個世界反而無用武之地。

三、虛實共治：一旦虛擬世界的力量發展到足與和實體世界對抗時，非主流的力量會自動來依附並且壯大彼此的影響力，房地產市場也可望出現虛實交流甚至競爭與合作的各種劇情，這對實體世界的生意是危機也是轉機。

區塊鏈音樂

2017 年春天，我受邀到北京一家叫字節跳動的公司開會。

和我開會的北京朋友告訴我，他們公司剛推出一個很有趣的產品叫抖音，這個產品在美國也設了辦公室，同時推出英文版。

我於是在北京就一口氣下載了中英文兩個版本的 APP，成了抖音最早的使用者之一。那之後，我一路從北京研究到台北，實在看不出這個產品有什麼特別的地方，也想不到有誰會用這樣的產品。看來就只是個短視頻版的 Youtube，內容也都只是些搞笑的影音，玩了一陣子之後也就不想玩了。

幾年之後，抖音在全球大紅特紅，還成了美國和中國貿易戰裡的要角。2020 年 8 月，當時的美國總統川普下令抖音要賣給美國企業，否則就不能留在美國市場。聽到這消息時，我查了一下數字，才驚覺這時的抖音已經不是當年的抖音了。在短短 3 年內，抖音的 APP 在全球被下載超過 20 億次，是地球表面最受歡迎的行動服務之一。

為什麼當年我沒看懂抖音？這個問題讓我想了好久才想通，抖音之所以能快速走紅，關鍵只有一個，它是手機原生的產品。

從內容到使用方式都是為手機使用者量身打造，抖音和臉書與 YouTube 是完全不同的科技物種，在提供影音服務的同時，透

過AI系統不斷學習消費者的喜好，所以使用的黏著度會不斷提高也帶進更多新進使用者。

2021年8月，抖音又做了一件讓許多人看不太懂的事，這件事又成了全球的熱門新聞。

抖音宣布與音樂串流平台Audius合作，讓Audius平台上的創作者可以把他們創作的歌曲一鍵就分享到抖音，讓抖音的用戶在他們的影音中嵌入這些歌曲，這些歌曲也自然可以擁有更多聽眾。

很多人可能沒有聽過Audius，同樣是音樂串流平台，Audius和Spotify、SoundCloud等音樂串流平台完全不同。Audius以區塊鏈技術為基礎，提供去中心化的服務，也就是讓音樂創作者直接和消費者溝通，不需要經過任何中間人的控管與剝削。這樣的特質，讓Audius很自然成了第一個和抖音合作的音樂串流服務平台。可以想見未來的音樂串流市場會有多大的變化，本來知名度不高的Audius一下子擁有了超過20億個通路，未來會培養出多少個女神卡卡和周杰倫？這個合作看來馬上要改寫全球音樂市場的遊戲規則。

因為使用的是區塊鏈的加密科技，Audius很自然可以發展出過去音樂市場所沒有過的生意，讓創作者和消費者完全多年來的夢想，比如：

一、音樂NFT：過去音樂創作的版權都只在創作者和唱片公司之間流動，現在製作成NFT之後，成為可以聽的加密藝術品，讓人收藏和轉手。這是過去從來沒有過的產品形態，這樣的藝術品在轉手的過程中，原創人還可以繼續分潤，寫在NFT裡的智能合約會自動運作，甚至主動把錢轉進音樂創作人的帳戶裡。

二、直接分潤：過去音樂創作人把作品賣給唱片公司之後只能任人宰割，在合約期滿之前不能有任何選擇。以NFT形式流通之後，每首歌都是直接賣給消費者，不需要被任何中間人抽成，每一首歌賣給誰，系統完全清清楚楚，所有人都可以看得很透明。如果創作人想控制歌曲流通的數量也沒問題，限量發行的NFT還可能引起搶購收藏。

三、版權流通：如果創作人不想自己管理作品版權，還可以把版權賣掉或租出去，也就是由專業的版權經紀人來幫忙管理。這樣的服務就有如建構在區塊鏈上的唱片公司，甚至會發展出「歌單公司」這樣的服務，把手上的音樂作品規劃成不同的組合，針對聽眾的喜好來提供個人化服務。

以上這些新的生意模式都可望在未來出現，Audius這個音樂平台在2020年9月上線之後，使用了過去音樂平台沒有過的運作手法，先是空投5000萬枚加密貨幣（AUDIO，從以太坊平台鑄造）給平台上最受歡迎的1萬名藝術家和粉絲，總價超過800萬美元。用戶可在Audius平台上質押AUDIO，以參與治理決策，

AUDIO還可以發放給頂級藝術家和活躍用戶作為獎勵。另外，平台用戶也可質押AUDIO來解鎖Audius平台上的特殊服務，像是在平台上展示和收藏音樂NFT。

目前，Audius平台上擁有超過10萬名藝術家，和530萬用戶，單月播放歌曲超過750萬次。這些數字看來並不驚人，卻潛力無窮，特別在區塊鏈、NFT和抖音這些熱門關鍵字的加持下，更讓人對未來的音樂市場充滿想像。

數位收藏市場

我有一位朋友，經營畫廊 30 多年，他得到許多收藏家的信賴。他說，全世界的生意都是一樣的道理，只要想辦法讓客戶賺錢，客戶自然會搶著來讓你賺錢。

他很明白全世界收藏家都有同樣的需要，每個人的倉庫都空間有限，總是要有進有出。掌握住這個需要，他把每個藏家的倉庫當成自己的倉庫，裡面有什麼收藏他如數家珍，光是讓藏家之間的買進賣出就是個好生意。

他很自豪幾乎沒有讓客人賠過錢，甚至跟客人保證，他的藝術品不管賣出多久，只要沒有破損永遠保證原價買回。多年的用心經營，在台北的藝術收藏圈裡，他廣結善緣也有好口碑，天天都有收藏家和藝術家到他畫廊喝茶，彼此的關係更像是親人朋友。

最近，他發現，這些來往二、三十年的收藏家們都有些共同的苦惱，這些苦惱也反映在他的生意上。這些收藏家年紀都大了，也都在安排把自己的收藏傳承給子女，但是子女卻興趣不大，覺得這些藝術品並不符合自己的品味喜好，除了不想接手還建議自己的父母把這些多年心血脫手變現。

這個現象也讓他開始思考年輕一輩的收藏家的需求，他發

現，老一輩的收藏家所在乎的和年輕一輩完全不一樣。這也會對畫廊這一行的將來產生重大的影響，他甚至可以想像十幾二十年後的畫面。

「老收藏家收藝術品多少是帶著一些投資的考量，像黃金、珠寶、字畫，除了平時可以用來欣賞怡情養性，遇到特殊時機還可以隨身帶走就地變現。」他說，年輕一代的收藏家偏好可以展現個人風格又方便隨時分享的收藏，最好是能放在網路雲端保存又能隨時用手機展示流通的數位收藏。

對於數位收藏的需求與熱潮，也直接刺激NFT市場迅猛成長，光是2021年上半年就擁有超過25億美元的市場，去年同期的市場總交易量只有1370萬美元。這些數字的背後，也反映出數位收藏的潛力和商機，新一代的「數位收藏家」已經用自己的喜好和力量建構了新藝術市場的基礎。

老一輩的收藏家生長於網路還沒誕生的年代，可能很難理解年輕一代的收藏家對於數位收藏的情感從何而來？更沒辦法想像由「生成藝術（Generative Art）」這樣由電腦所創作的的藝術品為什麼增值的速度能超過那些十年寒窗才畫得出來的水彩或油畫。

生成藝術由電腦自行創作，起源於1950年代，隨著數位科技發展一直演化到今天，從藝術史的角度看來，生成藝術是還沒有發展完成的藝術形態。1950年代左右，開始有藝術家用電

腦示波器結合攝影機，讓機器自行創作，接著開始有藝術家用電腦程式來協助創作。現在，甚至出現了接合AI與大數據的「生成藝術NFT策展平台」。

根據交易資料顯示，2021年佳士得在紐約的拍賣成交總額為251萬美元，但是同時期在Art Blocks平台上，不到十分鐘就賣出總價值1750萬美元NFT生成藝術品，並且在二級市場迅速價值翻倍。根據最大的NFT交易平台Opensea交易數據顯示，Art Block在2021年9月前的總交易額已突破8.6億美元。

Art Blocks是最知名的生成藝術作品平台，使用電腦系統設計作品，藝術家只要把創作構想存放在區塊鏈上就能鑄造NFT藝術品。在短短30天內，Art Blocks就能創下超過7700萬美元的二級銷售（轉手）成績。

NFT顯然已經把數位藝術帶到一個人類從來沒有經歷過的新世界，除了培養出越來越多的數位收藏家，也改變了藝術市場的創作、收藏和流通模式。過去的收藏家如果想把收藏的藝術品贈與子女需要經過很多麻煩的程序，和畫廊的溝通與認證，稅務的處理，許多事都沒辦法提早安排。在NFT藝術品的世界裡，這些問題都不是問題。

每件NFT藝術品背後都綁著專屬的「智能合約（Smart Contract）」，所謂的智能合約就是由電腦自動運作的合約，可以預先設定好生效的內容、情境和時間。比如購買一件NFT藝術

品的時候，就可以指定下一手繼承人，省下許多成本。

　　往更大的範圍來想，不久的將來，甚至很可能會出現「智能遺囑」，使用不可塗寫偽造的區塊鏈加密技術，除了避免後人因爭產可能引發的爭議，還能省下律師和訟訴費用。如果有一天這樣的畫面成眞，律師的日子可能會越來越難混了。

元宇宙策展人

　　還在讀研究所的他發行了自己的NFT，這個項目為他賺進500萬。他忽然意識到，元宇宙這件事並不是未來式，而是現在進行式。

　　自從臉書創辦人祖克伯宣示進軍元宇宙之後，相關產業的熱度也快速升高。像他發行的NFT就是主打區塊鏈教育，持有人除了可以上免費課程，還有各種獎勵機制，把更多人吸進來社群裡。

　　另一方面，他也看見越來越多人在虛擬的數位世界賺進大把的真金白銀。

　　大約一年之前，在知名拍賣公司的策劃下，一位平凡無名的美國插畫家Beeple把他13年來創作的5000幅插畫打包成NFT拍出近20億台幣。

　　而根據最近的交易數據顯示，全球身價總值最高的NFT「無聊猿（BAYC）」市值已突破40億美元。2022年3月17日，BAYC無預警的發行了自己的貨幣（ApeCoin），並且宣布總供應量永久固定為10億個，在短短幾天之內，無聊猿幣的價值立刻衝破20元美元，也就是說地球上就這樣橫空出世、白白生出200億美元的財富。這批無聊猿幣也免費空投給全世界BAYC猿友，每人一

萬個，我的一位朋友立刻拿了其中一部分去換台積電股票。

另，NFT平台龍頭OpenSea近期已完成3億美元融資，估值增長至133億美元。目前，NFT市場總交易額已突破500億美元，NFT持有者總量突破200萬。NFT市場在發展不過一年多時間裡，市場規模已達到數百億美元，也一度被戲稱為「繼比特幣之後的一夜致富暴富機會」。

以上這些故事勢必會被寫入未來元宇宙的歷史裡，也提醒世人元宇宙NFT策展人的重要性，如果沒有NFT策展人，元宇宙也不會走到今天這樣的高光時刻。

元宇宙NFT策展人是創世紀的尖兵，除了身負把更多真實世界資源帶進元宇宙的重任，也會得到豐厚的報償。

那就像一種以發行區塊鏈股票為核心產品的創業，發行NFT可以先得到一筆收入，隨著NFT身價的上漲，發行方還可以持續擁有更多的分潤。

最特別的是，NFT是一種內建智能合約的數位權證，只要把未來各種交易條件和優惠與限制都寫好，時機一到這些設定就會自動執行，就像一張張內建人工智慧的股票。而且，過去發行股票是必須經過政府特許，但是在元宇宙的世界裡，每個人都可以自由的發行NFT，如同為自己量身訂作股票，這也是人類商業史上從沒出現的畫面。

於是市面上開始有人開設「元宇宙NFT策展人班」，手把手教學生在元宇宙世界開天闢地，同時把課程規劃得簡單易學，即使對元宇宙和NFT很陌生的小白都能學會，而且保證教到會。

　　以實作課程來體驗NFT買賣和發行，強調馬上學、馬上會、馬上用，同時把繁雜的知識系統化。

　　而一個元宇宙NFT策展人的基本功該是哪些？

　　就像武林各門派都有自己強調的特色，但是不管南拳或北腿，在元宇宙策展NFT不外兩種基本功：

　　一、心法：明白元宇宙從何而來，了解NFT為什麼是元宇宙的通行證，快速建立元宇宙和NFT的基本知識。

　　二、技法：在「萬物皆可NFT」與「萬物皆可元宇宙」的時代，各種科技和工具不斷推陳出新，要能與時俱進掌握，不斷更新自己。

　　從市場的反應來看，有三種專業人士對元宇宙策展人課程特別感興趣：

　　一、藝廊經理人：NFT是新世代的數位藝術品，不管交易金額和客源多元性馬上就要超越傳統藝術品，藝術經紀馬上要走進元宇宙時代，不快速跟上就會被快速淘汰。

　　二、企業行銷人：越來越多的行銷案都搶著結合元宇宙元

素，大家都在蹭熱度、趕流行，在這樣的氛圍下行銷人如果不懂得用策展思維來操作NFT這些工具就會戰力大減。

三、元宇宙創業家：元宇宙時代的來臨把創業門檻大大降低，從募資到尋找人才都更為方便，而且成本更低效能更好。連組織運作都可以用DAO（去中心化自治組織）的模式來運作，大大降低創業風險和成功的可能。

看來，元宇宙的策展力也將會是未來職場的另一種核心競爭力。

發行 **WindoWine NFT** 的一些經驗分享

紅酒菁英三意會

2021 年的 11 月，我規劃發行了名為 WindoWine 的 NFT。

這個 NFT 的定位是「三意菁英」，希望能聚合台灣各行各業的菁英朋友，大家定期聚會共享美食美酒，對話人文科技。也共同用創意來推動公益和生意，一起努力來讓台灣更三意。同時以「第三個朋友圈」的行銷方式，邀請菁英圈的朋友來共同建構工作和生活之外的朋友社群。

這些朋友大都是我過去幾年來推動三意理念所認識，也都很樂於分享自己的專業經驗與資源，透過 NFT 的連結來凝聚和擴散，就如同建構一個「三意學校」。首批發行的 282 個 NFT，每個售價 5000 元，開賣不到一小時就賣光。

而每個人手上的 NFT 也在大家共同的努力下不斷增值，一個月內，這個 NFT 的轉手拍賣價已經漲到超過每個 200 美元左右（約合台幣 6000 元）。

我們為這個 NFT 的持卡人每個月辦餐酒會，讓大家認識交流，也共同建構了往後活動的內容和流程的原型。

打從多年前開始，我和華南銀行林知延副董事長就開始合作「三意會」，定期邀請各行各業的菁英朋友來探討如何讓台灣更有「創意、公益、生意」。

　　WindoWine 餐酒會也是三意會的續集，我除了和林副董事長特別再次合辦，也陸續邀請前國發會陳美伶主委與東吳大學潘維大校長和前台東縣長饒慶鈴等各行各業的菁英朋友，共同來探索台灣在元宇宙時代的各種機會和挑戰。

　　大家都認為，元宇宙將會是台灣百年難得一遇的好機會，把文化、商業和科技等各種資源整合在一起，為台灣的產業發展找到新的方向。而這一切的基礎，就是要打造能聚合各方菁英的平台，讓大家暢所欲言的論述元宇宙。

　　在聚會的餐桌上，在台東經營原生植物園區的饒慶鈴縣長也和我聊著為台東發行 NFT 來推動「台東原生節」的文創節慶；我和曾經派駐海地的胡正浩大使聊起在元宇宙世界裡如何為台灣的外交找到新機會。

　　這場聚會讓各行各業菁英朋友走出同溫層，認識了本來在生活和工作領域不會認識的新朋友，也匯流了多元智慧，大家同時享用好酒好菜暢談交流。一時間，這個探索元宇宙的平台也像是個「言宇宙」。

　　每個月的餐酒會裡，一位台積電的資深主管總是常來和大家

相聚。我很好奇，一個每天要工作超過12小時的人，怎麼會有機會上網搶到我們發行的 Windowine NFT？

他說記不太得了，好像就是在網路上看到相關訊息，就上網搶購成了收藏家，那天在網路上開賣 Windowine NFT 的時候，不到一小時就全賣光了。

一切都是緣分吧，從企劃發行這個NFT開始，我就一直好奇會聚合到哪些朋友，也持續把覺得適合的朋友介紹進來。這個聚會以美食美酒凝聚各方菁英朋友來共同交流新知，每次聚會都遠比我所想像的精彩。

劉鉅堂在過去20多年主辦超過300場餐酒會，為大家精心挑選葡萄酒，打算從台灣出發帶大家喝遍世界好酒；NFT藏家賓哥分享他半年前花10萬買了一隻無聊猿（BAYC），現在身價超過千萬；共同主辦人馬克和前金融研訓院陳敏宏資深所長分享我們共同創辦「DiFi 創新學院」社群的過程。

和理念相投的好朋友共享好酒好菜，談創意、公益和生意的議題，WindoWine 紅酒群英會將往這條路一直走下去。

源起

回想起來，這事的源起和陳泰銘多少有些關係。

那時候，蘇富比為台灣企業家陳泰銘的酒在香港規劃了一場

拍賣會，364瓶葡萄酒拍出 4.1 億台幣，平均每瓶酒的身價都超過百萬。

拍賣會上，蘇富比特別介紹陳泰銘是：「世界上最傑出的藝術收藏家之一。」可惜的是，如果陳泰銘利用這次機會，幫這300多瓶酒都設計一個NFT，那他至少會寫下三個歷史：

一、成為世界上第一個發行NFT的傑出收藏家（沒有之一）。

二、因為發行了NFT，身分馬上從收藏家斜槓成了數位藝術家，也是史上第一人。

三、改寫了葡萄酒收藏市場的遊戲規則。

自五百年多前波斯時期開始，世界上最富貴風流的政商菁英們一直喝葡萄酒喝到今天，但是一直有三個問題沒有解決：

一、沒有人知道自己喝的酒是不是假酒，特別是那些身價不凡的名酒。

二、越老越貴的葡萄酒越搶手也越沒有人敢開來喝（因為這些酒歷經數十年甚至上百年的轉手流浪，沒有人知道保存狀況如何）。

三、沒有人知道誰收藏過這些酒，也沒有收藏家能為自己收藏的酒背書（就像乾隆在三希堂墨寶上蓋滿了他的古希天子大印那樣）。

我相信，如果陳泰銘當時發行了NFT，每一枚NFT裡的智能合約就可以同時解決以上三個問題。除了證明這些酒的確是他收藏過，也能為全世界知名的酒莊解決千百年來的難題。

　　在釀酒人眼中，這些身價不凡的好酒都是極脆弱的生命，最好是一出生就好好的躺在酒莊的酒窖裡，一直到確定開瓶時才離開酒莊送到買家手上，這樣也能確保酒被妥善陳放。如果每一瓶酒都有自己的NFT，藏家交易時只要交易NFT就好，想開瓶時再請酒莊送過來。

　　聽我說了這麼多NFT的好處之後，很多愛喝葡萄酒的朋友都鼓勵我把這想法付諸行動。由於我長期一直被這些朋友視為思想的巨人和行動的侏儒，所以決定利用這次機會一雪前恥。

　　為葡萄酒發行NFT其實並不是件容易的事，必須集結葡萄酒、藝術品和數位科技等不同專業。很幸運的，這些專業領域的好友我都有。

　　所以我邀請了葡萄酒大神劉鉅堂、新藝博會共同發起人洪馬克和NFT神人Sway一起打造了全世界第一個專為葡萄酒愛酒人發行的NFT——WindoWine。

　　這張數位藝術品也是某種意義上的身分證明，說明擁有者和我們一樣追求「葡萄酒一開，天國自然來」的美好。

元宇宙元年

2021年10月，祖克伯把臉書的公司名字改成「Meta」，在華爾街的股票代號也從FB改成MVRS（Metaverse，元宇宙），並且宣布臉書從即日起要努力轉型成元宇宙公司。而NFT則是建構元宇宙的關鍵元件，等於是這個宇宙裡萬物的通證，我深信，在元宇宙的元年所發行的WindoWine NFT身價只會越來越高。

過去這幾年來許多收藏家一直關注NFT的發展，但是始終找不到切入點，也總覺得過去所發行的NFT都只是在虛擬世界買空賣空。像BAYC（無聊猿俱樂部）的猿幣身價越炒越高，看來是用名人的社交加值來包裝虛擬貨幣，本質還是像比特幣的投機工具。

但是Windowine NFT的背後卻有三個藝術收藏家所看得到的價值：

一、創新價值：葡萄酒本來就是可以喝的藝術品，用NFT把「好酒」、「菁英朋友圈」、「投資」這三個元素加在一起，虛實整合的創造出了前所未有的新型態藝術品。

二、社交價值：用葡萄酒為主題，很精準的把高影響力和高社經地位的朋友連結在一起，同時不斷的把這個朋友圈放大，自然會把這個NFT的價值不斷提升。就像收藏藝術品最大的快樂之一，就是和更多優秀藏家的交流。

三、人文價值：葡萄酒是歷史悠久的菁英飲料，從500年前

的波斯時代一直到今天，全球政商領袖的餐桌上永遠有葡萄酒，發行 Windowine NFT 也是推廣生活美學，提升人文水平。

所以，從以上這三個價值面向很容易就能理解 Windowine NFT 的特殊價值，而這個 NFT 的分享方式也與眾不同。在網路上公開發行之前，我們利用朋友圈限量分享的模式，每個人再限量配額分享給自己的好友，像是一場遊戲和競賽。

大家在282個名額裡面發展自己的朋友圈。比如我如果找來5位朋友，這5位朋友再各自找5位，我們這個朋友圈就有26人，日後就可以和其他人脈圈聯誼，共享好酒好菜好朋友。

透過以上這樣的「友誼遊戲」，Windowine NFT 每次的發行都可以不斷的增加和擴大朋友圈，也為每個人創造「第三個朋友圈」。

絕大部分的人都只有兩個朋友圈，一個是工作所結交的朋友，一個是私人朋友。但是 Windowine NFT 卻可以幫每個人打造第三個朋友圈，和專業優質的朋友共享美食美酒，不斷豐富人生。

NFT 的價值

WindoWine NFT 預計發行前，宣傳工作已經做了幾波，很多朋友也都來問我這 NFT 有什麼好處和價值？

我是這NFT的共同發行人，回答這問題有點像是球員兼裁判。

賣瓜的老吳當然說自己的瓜最甜，不過我還是列舉三個鐵一般的事實讓朋友們參考：

一、歷史價值：這是亞洲第一個為葡萄酒愛酒人量身訂製的NFT，就像是全世界郵票剛發明時的亞洲印出的第一張郵票，這個光環再也沒有其他的NFT可以取代。

二、學習價值：這張NFT也具有學員卡的意義，由研究葡萄酒二十多年的名師劉鉅堂監製，每個擁有人都可以直接向他請教，等於擁有一位私人的葡萄酒顧問和家教。

三、社群價值：目前已有不少菁英名人預購了這張NFT，從上市公司老闆到拍賣公司執行長，每個人都是對葡萄酒又愛又內行的人，一張5000元的NFT就能加入台灣最強大的葡萄酒同好俱樂部，又能得到一瓶全球限量一千多瓶的老藤好酒當入會禮。

聽我說完這三點之後，聽懂的朋友都馬上搶著要買，還問我有沒有管道搶先預購？預購有沒有優惠價？

我說當然有，而且只有282個名額，名額正在快速減少中。我們幾位合伙人手上都有些保留名額，並且已經開放給各自的親朋好友限量特價認購。

聽我這樣一說，很多人腦海裡馬上浮現「魷魚遊戲」的殘忍畫面。是的，限量永遠是殘酷的，這世界最缺的永遠是緣分和機會，就像您看到這篇文章也是緣分和機會，歡迎來加入我們。

WindoWine NFT 收藏家專屬好禮——來自1860年的澳洲國寶美酒

我們特別為WindoWine的收藏家挑選限量珍稀美酒是Tahbilk Old Block Vines Premium Cabernet BDX Blend 2019（Nagambie Lakes），此酒位於澳洲維多利亞省中部，墨爾本以北120公里處的Tahbilk酒莊。酒莊成立於1860年，1925年被Pubrick家族買下後至今，成為澳洲歷史最悠久的家族擁有的酒莊之一，現在是第四代在經營，第五代也已投入。

Tahbilk酒莊非常重視環境的永續經營，自2008年起投下大量資金與心力打造減碳設施，終於在2013年成為淨零碳排或碳中和（Carbon Neutral）酒莊，是目前全球僅有的8家淨零碳排酒莊之一。

2009年成立的「澳洲葡萄酒第一家族（Australia's First Families of Wine）」組織包含了12家已傳承多代的家族，Tahbilk是其中之一，莊主Alister Pubrick更是創會主席，目前剩下10家酒莊，加起來總共擁有超過1300年的釀酒歷史。

澳洲葡萄酒權威James Halliday如果評分給某酒莊至少兩款產品95分以上，該酒莊在他的年度評鑑（Halliday Wine Companion）

裡會被列為5顆星。如果前兩年都是5顆星，第三年起就會變成5顆紅星，如果有長久表現歷史的酒莊，年鑑上的名字也是紅色的。Tahbilk正是5顆紅星的紅字酒莊，只有不到4%的酒莊有此殊榮，並也被2016年鑑評選為年度最佳酒莊（Winery of the Year）。Halliday並且建議每一位喜愛葡萄酒的澳洲人一生中必須至少參訪Tahbilk酒莊一回。

成立於1860年的Tahbilk於2020年滿160周年，於是推出這款1.5公升的紀念酒，全球產量僅1600瓶，使用老藤（Old Block，最老為1949年栽種的）、卡本內蘇維濃（Cabernet Sauvignon）、梅洛（Merlot）以及卡本內弗朗（Cabernet Franc）等波爾多傳統葡萄品種（BDX Blend）釀造，帶有黑醋栗、李子、紫羅蘭等香料，單寧細緻，可再陳年10年以上。

每瓶的酒標上都有限量編號，目前全球約僅剩1200瓶。

DH00387

元宇宙大冒險：破解元宇宙世界迷思與商業模式

作　　者—吳仁麟
責任編輯—陳萱宇
主　　編—謝翠鈺
行銷企劃—鄭家謙
封面設計—陳文德
美術編輯—菩薩蠻數位文化有限公司

董 事 長—趙政岷
出 版 者—時報文化出版企業股份有限公司
　　　　　一〇八〇一九台北市和平西路三段二四〇號七樓
　　　　　發行專線　（〇二）二三〇六六八四二
　　　　　讀者服務專線　〇八〇〇二三一七〇五
　　　　　　　　　　　（〇二）二三〇四七一〇三
　　　　　讀者服務傳真　（〇二）二三〇四六八五八
　　　　　郵撥　一九三四四七二四時報文化出版公司
　　　　　信箱　一〇八九九　台北華江橋郵局第九九信箱
時報悅讀網—http://www.readingtimes.com.tw
法律顧問—理律法律事務所　陳長文律師、李念祖律師
印刷—勁達印刷有限公司
初版一刷—二〇二二年七月十五日
初版二刷—二〇二二年八月三十日
定價—新台幣三五〇元
缺頁或破損的書，請寄回更換

時報文化出版公司成立於一九七五年，
並於一九九九年股票上櫃公開發行，於二〇〇八年脫離中時集團非屬旺中，
以「尊重智慧與創意的文化事業」為信念。

元宇宙大冒險：破解元宇宙世界迷思與商業模式/吳仁麟
著. -- 初版. -- 台北市：時報文化出版企業股份有限公司,
2022.07
　　面；　公分
　　ISBN 978-626-335-544-6(平裝)

1.CST: 虛擬實境 2.CST: 電子商務 3.CST: 產業分析

484.6　　　　　　　　　　　　　111008246

ISBN 978-626-335-544-6
Printed in Taiwan